書山有路勤為徑

學海無崖苦作舟

文經閣

書山有路勤為徑

學海無崖苦作舟

文經閣

Top Salesmen way to success

世界推銷大師

實戰實錄

序言

一位偉大的推銷員曾經說過：「我相信一個消極的人，如果一遍一遍不厭其煩地閱讀關於積極思維的書籍，他也會變得樂觀起來。是的，透過一遍一遍閱讀這些催人向上的書籍，您真的也會開始積極地思考問題，這個方法真的很靈。」

無論在哪個領域，凡是成功者都有他們值得學習的地方，只有善於借鑒成功者的經驗才能讓人縮短獨自摸索的過程，更快的走向成功。世界上最偉大的推銷員喬．吉拉德、推銷之神原一平、二十世紀推銷宗師法蘭克．貝特格、日本壽險王齊藤竹之助等人都是頂尖級的推銷大師，學習他們成功的經驗，對嚮往成功的你必將大有裨益。

生於貧窮、長於苦難、自強不息、不懈奮鬥的喬．吉拉德平均每天銷售六輛車，最多的一天竟然銷售了18輛車，他一年的最多銷售量是1425輛，在他15年的銷售生涯中總共銷售了13001輛汽車，被金氏世界紀錄譽為「世界最偉大的銷售員」。

他告訴每一個銷售員：「If I can do it,you can!」他教給了我們如何把任何東西賣給任何人。

在日本，原一平被稱為「推銷之神」，30多歲時，他已經與美國的推銷大王喬．吉拉德共同聞名於世。見過原一平的人都為他的外貌吃驚，這位頂尖推銷大師只有145公分，人們叫他「矮冬瓜」。就是這麼一位其貌不揚的人卻取得了很大的成功。他是怎樣接近顧客的呢？本書中神奇的推銷大師原一平教給你發現顧客、留住顧客的秘訣。他告訴我們發現顧客，贏得顧客只是第一步，管理好客戶資源，讓老顧客為你開發新客戶才是偉大的推銷員應該掌握的基本功。

做一個好的推銷員什麼最重要？答案可能有很多種，知識、技能、技巧、機會等，似乎每一個都不可或缺，但這些也許都不是最正確的。成功是很難言說的一種東西，成功最關鍵的因素在於你自己。不管你從事多麼艱難的工作，只要塑造一個完美的自己，只要全力以赴你都將成功。

學習別人的經驗，可以避免重蹈覆轍；獲得新知，可以使自己生活得豐富多彩而且充滿喜悅；聆聽不同的聲音可以使思考延伸而且美麗。接受了正確有益的忠告，可以增加你前進的願望和動力。

本書中所總結出的銷售法則都很科學、實用，如果你還是一個平凡的推銷員，希望你能認真實踐它，讓它成為你行動的嚮導，相信不久的將來，你也能成為頂尖級的世界級推銷大師。

一切皆有可能！一分耕耘一分收穫，從現在開始努力！

序 Preface 言

「心有多大，舞臺就有多大」，每一個人都是不平凡的。相信本書能幫助你開發潛質，拓展視野。總有一天整個世界都將成為你的舞臺，世界也會因你而精彩。

目 contents 錄

目 contents 錄

第1章

原一平給推銷員的11個忠告

在日本業界，原一平連續15年保持日本壽險業績第一名，被稱為「推銷之神」，他留給我們的推銷智慧是一筆巨大的財富，他告訴我們成為最棒推銷員的十一個成功關鍵。

培養自身，做一個有魅力的人

認識自己，改正自身缺點，使自己不斷完善，讓自己做一個有魅力的人。原一平因此走上成功之路，這也是他給我們的第一個忠告。

◆日本推銷之神原一平

1904年，原一平出生於日本長野縣。

從小他就像個標準的小太保，叛逆頑劣的個性使他惡名昭彰而無法立足於家鄉。

23歲時，他離開長野來到東京。

1930年，原一平進入明治保險公司成為一名「見習業務員」。

原一平剛剛涉足保險時，為了節省開支，他過的是苦行僧式的生活。

為了省錢，可以不吃中飯。可以不搭公共汽車。可以租小得不能再小的房間容身。

當然，這一切並沒有打垮原一平，他內心有一把「永不服輸」的火，鼓勵他愈挫愈勇。

1936年，原一平的業績成為全公司之冠，遙遙領先公司其他同事，並且奪取了全日本的第二名。

36歲時，原一平成為美國百萬圓桌協會成員，協助設立全日本壽險推銷員協會，並擔任會長至1967年。

因對日本壽險的卓越貢獻，原一平榮獲日本政府最高殊榮獎，並且成為MDRT（百萬圓桌俱樂部）的終身會員。

原一平50年的推銷生涯，可以說是一連串的成功與挫折所組成的。他成功的背後，是用淚水和汗水寫成的辛酸史。

「我不服輸，永遠不服輸！」

「原一平是舉世無雙，獨一無二的！」

◆認識自己

有一次，原一平去拜訪一家名叫「村雲別院」的寺廟。

原一平被帶進廟內，與寺廟的住持吉田和尚相對而坐。

老和尚一言不發，很有耐心地聽原一平把話說完。

然後，他以平靜的語氣，說：「聽完你的介紹之後，絲毫引不起我投保的意願。」

停頓了一下，他用慈祥的雙眼注視著原一平很久很久。

他接著說：「人與人之間，像這樣相對而坐的時候，一定要具備一種強烈的吸引對方的魅力，如果你做不到這點，將來就沒什麼前途可言了。」原一平剛開始並不明白這話中的含義，後來逐漸體會出那句話的意思，只覺傲氣全失，冷汗直流。

吉田和尚又說：「年輕人，先努力去改造自己吧！」

「改造自己？」

「是的，你知不知道自己是一個什麼樣的人呢？要改造自己首先必須認識自己。」

「認識自己？」

「只有赤裸裸地注視自己，毫無保留地徹底反省，最後才能認識自己。」

「請問我要怎麼去做呢？」

「就從你的投保戶開始，你誠懇地去請教他們，請他們幫助你認識自己。我看你有慧根，倘若照我的話去做，他日必有所成。」

吉田和尚的一席話，就像當頭一棒，把原一平點醒了。

只有首先認識了自己才能去說服他人，要做就從改造自己開始做起。

把自己改造成一個有魅力的人。

◆仍然是自己最大的敵人

一般推銷員失敗的最主要原因在於不能改造自己，認識自己。

原一平聽了吉田和尚的提點後，決定徹底的反省自己。

他舉辦原一平批評會，每月舉行一次，每次邀請5個客戶，向他提出意見。

第一次批評會就使原一平原形畢露：

你的脾氣太暴躁，常常沉不住氣。

你經常粗心大意。

你太固執，常自以為是，這樣容易失敗，應該多聽別人的意見。

你太容易答應別人的託付，因為「輕諾者必寡信」。

你的生活常識不夠豐富，所以必須加強進修。

人們都表達了自己真實的想法。原一平記下別人的批評，隨時都在改進，在蛻變。

從1931年到1937年，「原一平批評會」連續舉辦了6年。

原一平覺得最大的收穫是：把暴烈的脾氣與永不服輸的好勝心理，引導到了一個正確的方向。

他開始發揮自己的長處，並開始改正自己的缺點。

原一平曾為自己矮小的身材懊惱不已，但身材矮小是無法改變的事實。後來想通了，克服矮小最好的方法，就是坦然地面對它，讓它自然地顯現出來，後來，身材矮小反而變成了他的特色。

原一平意識到他自己最大的敵人，正是他自己，所以，原一平不會與別人比，而是與自己比。今日的原一平勝過昨日的原一平了嗎？明日的原一平能勝過今日的原一平嗎？只有不斷的努力，不斷改正自身缺點，不斷完善自己，讓自己做一個有魅力的人。

處處留心，客戶無處不在

原一平說：「作為推銷員，客戶要我們自己去開發，而找到自己的客戶則是做好開發的第一步，只要稍微留心，客戶便無處不在。」

◆做個有心的推銷員

有一次，原一平下班後到一家百貨公司買東西，他看中了一件商品，但覺得太貴，拿不定主意要還是不要。

正在這時，旁邊有人問售貨員：

「這個多少錢？」問話的人要的東西跟他要的東西一模一樣。

「這個要3萬元。」女售貨員說。

「好的，我要了，麻煩你給我包起來。」那人爽快地說。原一平覺得這人，一定是有錢人，出手如此闊綽。

於是他心生一計，何不跟蹤這位顧客，以便尋找機會為他服務。

他跟在那位顧客的背後，他發現那個人走進了一幢辦公大樓，大樓門衛對他甚為恭敬。原一平更堅定了信心，這個人一定是位有錢人。

於是，他去向門衛打聽。

「你好，請問剛剛進去的那位先生是……」

「你是什麼人？」門衛問。

「是這樣的，剛才在百貨公司時我掉了東西，他好心地撿起來給我，卻不肯告訴我大名，我想寫封信感謝他。所以，請你告訴我他的姓名和公司詳細地址。」

「哦，原來如此。他是某某公司的總經理……」

原一平就這樣又得到了一位顧客。

生活中，顧客無處不在。如果你覺得客戶少，那是因為你缺少一雙發現客戶的眼睛而已。隨時留意、關注你身邊的人，或許他們就是你要尋找的準客戶。

◆生活中處處都有機會

有一天，工作極不順利，到了黃昏時刻依然一無所獲。原一平像一隻鬥敗的公雞。在回家途中，要經過一個墳場。墳場的入口處，原一平看到幾位穿著喪服的人走出來。他突然心血來潮，想到墳場裡去走走，看看有什麼收穫。

這時正是夕陽西下。原一平走到一座新墳前，墓碑上還燃燒著幾炷香，插著幾束鮮花。顯然就是剛才在門口遇到的那批人祭拜時用的。

原一平朝墓碑行禮致敬。然後很自然地望著墓碑上的字——某某之墓。一瞬間，他像發現新大陸似的，所有沮喪一掃而光，取而代之的是一股躍躍欲試的工作熱忱。

他趕在天黑之前，往管理這片墓地的寺廟走去。

「請問有人在嗎？」

「來啦，來啦！有何貴幹？」

「有一座某某的墳墓，你知道嗎？」

「當然知道，他生前可是一位名人呀！」

「你說得對極了，在他生前，我們有來往，只是不知道他的家眷目前住在哪裡呢？」

「你稍等一下，我幫你查。」

「謝謝你，麻煩你了。」

「有了，有了，就在這裡。」

原一平記下了某某家的地址。

走出寺廟，原一平又恢復了旺盛的鬥志。第二天，他就踏上了開發新客戶的征程。

原一平能及時把握生活中的細節，絕不會讓客戶溜走。這也是他成為「推銷之神」的原因。

◆教你尋找潛在客戶

在尋找推銷對象的過程中，推銷員必須具備敏銳的觀察力與正確的判斷力。細緻觀察是挖掘潛在客戶的基礎，學會敏銳地觀察別人，就要求推銷員多看多聽，多用腦袋和眼睛，多請教別人，然後利用有的人喜歡自我表現的特點，正確分析對方的內心活動，吸引對方的注意力，以便激發對方的購買需求與購買動機。

一般來看，推銷人員尋找的潛在客戶可分為甲、乙、丙三個等級，甲級潛在客戶是最有希望的購買者；乙級潛在客戶是有可能的購買者；丙級潛在客戶則是希望不大的購買者。面對錯綜複雜的市場，推銷員應當培養自己敏銳的洞察力和正確的判斷力，及時發現和挖掘潛在的客戶並加以分級歸類，區別情況不同對待，針對不同的潛在客戶施以不同的推銷策略。

推銷員應當做到手勤腿快，隨身準備一本記事筆記本，只要聽到、看到或經人介紹一個可能的潛在客戶時，就應當及時記錄下來，從公司名稱、產品供應、聯繫地址到已有信譽、信用等級，然後加以整理分析，建立「客戶檔案庫」，做到心中有數，有的放矢。只要推銷員都能使自己成為一名「有心人」，多跑、多問、多想、多記，那麼客戶是隨時可以發現的。

推銷員應當養成隨時發現潛在客戶的習慣，因為在市場經濟社會裡，任何一個企業、一家公司、一個單位和一個人，都有可能是某種商品的購買者或某項活勞務的享受者。對於每一個推銷員來說，他所推銷的商品及其消費散佈於千家萬戶，走向各行各業，這些個人、企業、組織或公司不僅出現在推銷員的市場調查、推銷宣傳、上門走訪等工作時間內，更多的機會則是出現在推銷員的八小時工作時間之外，如上街購物、周末郊遊、出門作客等。

因此，一名優秀的推銷員應當隨時隨地優化自身的形象，注意自己的言行舉止，牢記自身的工作職責，客戶無時不在，無處不有，只要自己努力不懈地與各界朋友溝通合作，習慣成自然，那麼你的客戶不僅不會減少，而且會愈來愈多。

這是原一平告訴我們的第一個忠告，也是他成為「推銷之神」的第二個原因。

關懷客戶，重視每一個人

關心你的客戶，重視你身邊的每一個人，不要以貌取人，平等的對待你的客戶，是成功推銷員的選擇。這也是原一平邁向推銷之神的第三步。

◆關心你的客戶

著名心理學家佛洛姆說：「為了世界上許多傷天害理的事，我們每一個人的心靈都包紮了繃帶。所有的問題都能用關心來解決。」這句話給關心下了一個最好的注腳。原一平對此深有體會，在一次講學時，他講了下面一個故事。

有一個殺人犯，被判無期徒刑，關在監獄裡。因為他被判無期，而且無父母、妻子、兒女，既無人探監也無任何希望，在獄中獨來獨往，不與任何人打招呼。再加上他健壯又兇惡，也沒有人敢惹他。

有一天，一個神父帶了糖果與香菸來獄中慰問犯人。神父碰見那位無期徒刑犯，遞給他一根香菸，犯人毫不理睬。神父每周來慰問，每次都給他香菸，殺人犯無反應，如此延續了半年之後，犯人才接下香菸，不過還是面無表情。

一年後，有一次神父除了帶糖果與香菸，另外帶了一箱可樂。抵達監獄後，神父才發現忘了帶開瓶器，正在一籌莫展時，那個犯人出現了。他知道神父的困難後，笑著對神父說：「一切看我的。」接著，就用他銳利的牙齒把一箱的可樂都打開了。

從那一次之後，犯人不但跟神父有說有笑，而且神父在慰問犯人時，他自動隨侍於左右，以保護神父。這個故事告訴我們：真誠的關心可感化一切，就是一個毫無希望的無期徒刑犯，照樣會被它所感動。一個不幸的人，一旦發覺有人關心他，往往能以加倍的關心回報對方。

戴爾．卡耐基說：「時時真誠地去關心別人，你在兩個月內所交到的朋友，遠比只想別人來關心他的人在兩年內所交的朋友還多。」那些不關心別人，只盼望別人來關心自己的人，應時刻拿這句話告誡自己。

某汽車公司的推銷員聽完原一平的講座以後，每次在成交之後，客戶取貨之前，通常都要花上3～5個小時詳盡地示範汽車的操作。這個推銷員這樣說：「我曾看見有些推銷員只是遞給新客戶一本使用者手冊說：『拿去自己看看。』在我所遇見的人中，很少有人能夠僅靠一本手冊就能搞懂如何操作一輛車。我們希望客戶能最大限度地滿意我們的關心，因為我們不僅期望他們自己回頭再買，而且期望他們介紹一些朋友來買車。一位優秀的推銷員會對客戶說：『我的電話全天24小時都歡迎您撥打，如果有什麼問題，請打電話到我的辦公室或家裡，我隨時恭候。』我們都精通自身的產品知識，一旦客戶有問題，他們一般透過電話就能解決，實在不行，還可以聯繫別人幫忙。」

原一平說：「你應當記住：關心，關心，再關心。你要做到的是：為你的客戶提供最多的優質的關心，以至於他們對想一想與別人合作都會感到內疚不已！成功的推銷生涯正是建立在這類關心的基礎上。」

◆不要歧視客戶，切莫以貌取人

原一平說，永遠不要歧視任何人。推銷員推銷的不僅是產品，還包括服務，你拒絕一個人就拒絕了一群人，你的客戶群會變得越來越窄。老練的銷售人員已經用無數的故事證明了這句箴言再正確不過了。

原一平在他的講座中，提到過這樣一個案例。

一天，房地產推銷大師湯姆．霍普金斯正在等待顧客上門時，傑爾從旁邊經過，並進屋裡來跟他打聲招呼。沒有多久，一輛破舊的車子駛進了屋前的車道上，一對年老邋遢的夫婦走向前門。在湯姆熱誠地對他們表示歡迎後，湯姆．霍普金斯的眼角餘光瞥見了傑爾，他正搖著頭，做出明顯的表情對湯姆說：「別在他們身上浪費時間。」

「湯姆說，對人不禮貌不是我的本性，我依舊熱情地招待他們，以我對待其他潛在買主的熱情態度對待他們。已經認定我在浪費時間的傑爾，則在惱怒之中離去。由於房子中別無他人，建築商也已離開，我認為我不可能會冒犯其他人，為什麼不領著他們參觀房子！」

當他帶著兩位老人參觀時，他們以一種敬畏的神態看著這棟房屋內部氣派典雅的格局。4米高的天花板令他們眩暈得喘不過氣來，很明顯，他們從未走進過這樣豪華的宅邸內，而湯姆也很高興有這個權利，向這對滿心讚賞的夫婦展示這座房屋。

在看完第四間浴室之後，這位先生嘆著氣對他的妻子說：「想想看，一間有四個浴室的房子！」他接著轉過身對湯姆說：「多年以來，我們一直夢想著擁有一棟有好多間浴室的房子。」

那位妻子注視著丈夫，眼眶中滿溢了淚水，湯姆注意到她溫柔地緊握著丈夫的手。

在他們參觀過了這棟房子的每一個角落之後，回到了客廳，「我們夫婦倆是否可以私下地談一下？」那位先生禮貌地向湯姆詢問道。

「當然。」湯姆說，然後走進了廚房，好讓他們倆獨處討論一下。

5分鐘之後，那位女士走向湯姆：「好了，你現在可以進來了。」

這時，一副蒼白的笑容浮現在那位先生臉上。他把手伸進了外套口袋中，從裡面取出了一個破損的紙袋。然後他在樓梯上坐下來，開始從紙袋裡拿出一疊疊的鈔票，在梯級上堆出了一疊整齊的現鈔。請記住，這件事是發生在那個沒有現金交易的年代裡！

「後來我才知道，這位先生在達拉斯一家一流的旅館餐廳擔任服務生領班，多年以來，他們省吃儉用，硬是將小費積攢了下來。」湯姆說。

在他們離開後不久，傑爾先生回來了。湯姆向他展示了那份張簽好的合約，並交給他那個紙袋。他向裡面瞧了一眼便昏倒了。

最後，原一平總結，不要對任何人先下判斷，老練的推銷員應該懂得這一點，不要以貌取人，在推銷領域中這點尤為重要。

傑出推銷員對待非客戶的態度總是和對待客戶一樣的。他們對每一個人都很有禮貌，他們將每個人都看成有影響力的人士，因為他們知道，訂單常從出其不意的地方而來。他們知道，十年前做的事情，可能變成現在的生意。

對傑出推銷員而言，沒有所謂的「小人物」。他不會因為廚房耽誤上菜的速度而斥責侍者，不會因飛機誤點或航班取消而痛斥櫃檯人員，他對每個人都待之以禮。傑出推銷員對推著割草機割草的工人和製造割草機公司的總裁，都是一樣地尊敬及禮貌。

原一平的一個客戶是電線電纜的推銷員，他和一家客戶公司高層主管關係很好。他每一次到該公司進行商業拜訪時，遇到的第一個人就是該公司的前臺小姐，她是一位很有條理和講效率的年輕女性。她的工作之一就是使每一個約會都能準時進行，雖然她並不是買主，更不是決策者，但是這位推銷員對她一直彬彬有禮。即使因故約會延遲，他也不會像一般推銷員一樣抱怨不休，只是耐心等待；也不會搬出他要去拜見的執行副總裁的名字來，以示重要。他總是對前臺小姐道謝，感謝她的協助，離開時不忘和她道別。

18年後，這位前臺小姐成為該公司的執行副總裁。在她的影響下，她的公司成為這位電線電纜公司推銷員最大的客戶。

◆重視每一個客戶

在原一平最初外出推銷的時候，就下定決心每年都要拜訪一下他的每一位客戶。因此，當原一平向他家鄉大學的一名地質系學生推銷價值1萬日圓的生命保險時，他便與原一平簽訂了終身服務合約。

其實，無論客戶多大還是多小，都應一視同仁。每一位客戶都值得你去盡心地服務。在保險這一行裡，你必須這樣做。這也正是保險公司代理不同於其他行業代理的特點之一。但是，就銷售產品這一點而言，各行業都一樣。

這名地質系學生畢業之後，進入了地質行業工作，原一平又向他售出了價值1萬日圓的保險。後來，他又轉到別的地方工作，他到哪裡都是一樣的。原一平每年至少跟他聯繫一次，即使他不再從原一平這裡買保險，仍然是原一平畢生的一位客戶。只要他還可能購買保險，原一平就必須不辭辛勞地為他提供服務。

有一次，他參加一個雞尾酒會。有一位客人突然痙攣起來，而這個小夥子由於學過一點護理常識，因而自告奮勇，救了這位客人一命。而這位客人恰恰是一位千萬富翁，於是便請這位小夥子到他公司工作。

幾年之後，這位千萬富翁準備貸一大筆錢用於房地產投資。他問這位小夥子，「你認識一些與大保險公司有關係的人嗎？我想貸點錢。」

這位小夥子一下子就想起了原一平，便打電話問他，「我知道你的保險生意很大，能否幫我老闆一下。」

「有什麼麻煩嗎？」原一平問。

「他想貸2千萬日圓用於房地產投資，你能幫他嗎？」

「可以。」

「順便說一下，」他補充說：「我的老闆不希望任何本地人知道他的這一行動，這也正是他中意你的原因，記住，保守秘密。」

「我懂，這是我工作的一貫原則。」原一平解釋說。

在他們掛斷電話之後，原一平向一些保險公司打了幾個電話，安排其中一位與這位商人進行一次會面。

不久以後，這位商人便邀請原一平去他的一艘遊艇參觀，那天下午，原一平向他賣出了價值2千萬日圓的保險。這是當時原一平曾經做過的最大一筆生意。

注意，要重視你的小客戶，向他們提供與大客戶平等的服務，一視同仁。

每位客戶，無論是大是小，都是你的上帝，應享受相同的服務。

小客戶慢慢發展，有朝一日也會成功，也會成為潛在的大客戶。

小客戶會向你介紹一些有錢人，從而帶來大客戶。

美國學識最淵博的哲學家約翰．杜威說：「人類心中最深遠的驅策力就是希望具有重要性。」每一個人來到世界上都有被重視、被關懷、被肯定的渴望，當你滿足了他的要求後，他被你重視的那一方面就會煥發出巨大的熱情，並成為你的朋友。

定期溝通，緊密客戶關係

要想把潛在客戶變成真正客戶，就要打破顧客的顧慮，而經常拜訪客戶，和客戶保持聯繫是最好的方法。這是原一平給我們的第四個忠告。

◆與客戶取得交流和溝通

原一平說過，商業活動最重要的是人與人之間的關係，如果沒有交流和溝通，人家就不會認為你是個「誠實的、可信賴的人」，那麼許多生意是無法做成的。

上門推銷第一件事是要能進門。門都不讓你進，怎麼能推銷商品呢？要進門，就不能正面進攻，得使用技巧，轉轉彎。

一般來說，被推銷者心理上有一道「防衛屏障」，如果將你的目的直接地說出來，我相信你只得吃「閉門羹」。

要推銷商品，進門以後就要進行「交流和溝通」——即進行對話。交流和溝通能使顧客覺得你是一位「誠實的、可以信賴的人」，這時，推銷就「水到渠成」了。

原一平有一次去拜訪一家酒店的老闆。

「先生，你好！」

「你是誰呀！」

「我是明治保險公司的原一平，今天我剛到貴地，有幾件事想請教您這位遠近出名的老闆。」

「什麼？遠近出名的老闆？」

「是啊，根據我調查的結果，大家都說這個問題最好請教你。」

「哦！大家都這麼說我啊！真不敢當，到底是什麼問題呢！」

「實不相瞞，是……」

「站著談不方便，請進來吧！」

……

就這樣輕而易舉地過了第一關，也取得準客戶的信任和好感。

讚美幾乎是屢試不爽，沒有人會因此而拒絕你的。

原一平認為，這種以讚美對方開始訪談的方法尤其適用於商店鋪面。那麼，究竟要請教什麼問題呢？

一般可以請教商品的優劣、市場現況、製造方法等等。

對於酒店老闆而言，有人誠懇求教，大都會熱心接待，會樂意告訴你他的生意經和成長史。而這些寶貴的經驗，也正是推銷員需要學習的。

既可以拉近彼此的關係，又可以提升自己，何樂而不為呢？

推銷被拒絕對推銷人員來說，就像是家常便飯一樣普通，問題在於你如何對待。推銷成功的推銷人員，把拒絕視為正常，極不在乎，心平氣和，不管遭到怎樣不客氣的拒絕，都能保持彬彬有禮的姿態，感覺輕鬆。可事實上，許多推銷人員都有一個通病，就是剛開始的時候，盡往好處想，滿懷熱望。可事實卻南轅北轍，一遭拒絕，心裡的打擊就難以承受。因此推銷前要仔細研究客戶的拒絕方式，人家不買，你依然要推銷，拒絕沒什麼。如果抱著觀察研究的態度，一旦遭到拒絕，你就會想到：嗯，還有這種拒絕方式？好吧，下次我就這麼應付。這樣，你就能坦然地面對拒絕，成功率會越來越高。沒遭到拒絕的推銷只能在夢中，只有那些渴望坐享其成的人，才能夠編織出這樣的美夢來。而在這個世界上能夠坐享其成的恐怕只有母雞了。朋友，你渴望坐享其成嗎？那麼，請去做一隻母雞吧。推銷人員就是要應付拒絕，全心全意去應付拒絕才是長久不敗的生財之道。做任何事都不可能完全沒有困難，生活就是這樣，在你得到教益之前，總要給你一些考驗。上帝不會賜福給坐著祈禱的人，英明的上帝雖給我們提供了魚，但你也得先去織漁網。

對於新手推銷人員來說，就是要咬緊牙關，忍受奚落、言語不合拍、不理睬、對方盛氣凌人等痛苦，要學會忍受，就把它當作磨練自己意志的機會吧。原一平的成功之路也是從這裡走過來的。

◆再訪客戶的技巧

推銷員必須以不同的方式接近不同類型的顧客。也就是說，推銷員在決定接近顧客之前，必須充分考慮顧客的特定性質，依據事前所獲得的資訊，評估各種接近方法的適用性，避免千篇一律地使用一種或幾種方法。

顧客是千差萬別的，每一個顧客都有其特定的購買方式、購買動機和人格特徵。因而，他們對不同的接近方式，會有不同的感受。在某一顧客看來，有些方法是可以接受的，而對另一顧客，這些方法可能是難以接受的。同樣地，對某一顧客非常有效的接近方法，對另一顧客則可能毫無效果。即使是對同一顧客，也不能總是使用同一種方法。

再訪時，推銷員必須儘快減輕顧客的心理壓力。在接近過程中，有一種獨特的心理現象，即當推銷員接近時，顧客會產生一種無形的壓力，似乎一旦接近推銷員就承擔了購買的義務。正是由於這種壓力，使一般顧客害怕接近推銷員，冷遇或拒絕推銷員的接近。這種心理壓力實際上是推銷員與顧客的接近阻力。

原一平透過分別與推銷員和顧客進行交談發現：在絕大多數情況下，顧客方面存在一種明顯的壓力。換句話說，購買者感到推銷員總是企圖推銷什麼東西，於是購買者本能地設置一些障礙，下意識或干擾和破壞交談過程的順利進行。只要能夠減輕或消除顧客的心理壓力，就可以減少接近的困難，促進面談的順利進行。具體的減壓方法很多，推銷員應該加以靈活運用。

再訪顧客時，還可以利用信函資料。

許多推銷人員只將有關產品的宣傳資料或廣告信函留給客戶就萬事大吉了，而忽視了更為重要的下一步，即「跟進推銷」，因此往往如同大海撈針，收效甚微。許多客戶在收到推銷人員的信函資料之後，可能會把它冷落一旁，或者乾脆扔進廢紙堆裡。這時，如果推銷人員及時拜訪客戶，就可以發揮應有的推銷作用。比如：「您好！上星期我給您的一份XX電冰箱的廣告宣傳資料看了以後，您對這一產品有什麼意見？」一般來說，對方聽到推銷人員的這樣問話，或多或少會有一番自己的建議與看法。若客戶有意購買，自然會有所表露，推銷目標也告實現。

推銷員還可以利用名片再訪客戶，原一平也經常採用這種辦法。

初訪時不留名片，可以作為下次拜訪的藉口。一般的推銷人員總是流於形式，在見面時馬上遞出名片給客戶，這是比較正統的銷售方式，偶爾也可以試試反其道而行的方法，不給名片，反而有令人意想不到的結果。

推銷員還可以故意忘記向客戶索取名片，因為客戶通常不想把名片給不認識的推銷人員，尤其是新進的推銷菜鳥，所以客戶會藉名片已經用完了，或是還沒有印好為理由而不給名片。此時不需強求，反而可以順水推舟故意忘記這檔事，並將客戶這種排斥現象當作是客戶給你一次再訪的理由。

原一平說，印製兩種以上不同式樣或是不同職稱的名片也是一種好方法。如果有不同的名片，就可以藉由更換名片或升職再度登門造訪。但是要特別注意的是，避免拿同一種名片給客戶以免穿幫，最好在管理客戶資料中注明使用過哪一種名片，或是利用拜訪的日期來分辨。

另外，推銷員必須善於控制接近時間，不失時機地轉入正式面談。如前所述，接近只是整個推銷過程的一個環節。接近的目的不僅在於引起顧客的注意和興趣，更重要的是要轉入進一步的推銷面談。因此，在接近過程中，推銷員一方面要設法引起和保持顧客的注意力，誘發顧客的興趣；另一方面要看準時機，及時轉入正式面談。為了提高推銷效率，推銷員必須控制接近時間。

溝通時必須注重良性溝通。

現代推銷學的研究表明，推銷員的認知和情感有時並不完全一致。因此，在推銷中有些話雖然完全正確，但對方往往卻因為礙於情感而覺得難以接受，這時，直言不諱的話就不能取得較好的效果。但如果你把話語磨去「稜角」，變得軟化一些，也許客戶就能既從理智上、又在情感上愉快地接受你的意見，這就是委婉的妙用。

總之，在與客戶交往時要注重溝通。運用恰當的方法、技巧就能達到很好的效果。原一平的成功也正是踐行這些技巧的結果。

主動出擊，打開客戶大門

主動出擊，把握主動權。記住，好的開始是成功的一半，這是原一平智慧的結晶。

◆選擇好推銷時機和地點

在一次講座時，原一平講了下面的案例。

一個推銷搜魚器的銷售經理威廉在一處加油站停下車，他想給車加點油，然後爭取在天黑之前趕到紐約。

就在加完油等待交費的時候，威廉看見自己剛加過油的地方停著4輛拖著捕魚船的車。他馬上返回到自己的車上，取出幾份「搜魚器」的廣告宣傳單，走到每一艘船的船主面前，遞給他們每人一份：「我今天不是要向各位推銷東西，我認為各位可能會覺得這份傳單很有意思。你們上路後，有空時不妨看一看，我想你們或許會喜歡這種『底線搜魚器』。」

交完費後，威廉一邊開車離開，一邊向這些人揮手道別：「別忘了，有空一定要看一看啊！」

兩個小時後，在一處休息站，威廉停下車買了一瓶可樂，就在這時，他看到那四個船主向他疾步走過來，他們說他們一直在追趕威廉，但拖著漁船，車速無論如何趕不上威廉，他們告訴威廉他們想要多瞭解一些搜魚器的事情。

威廉立刻拿出展示品，向他們做完簡單介紹後，說還可以具體示範給他們看，於是威廉與他們一同走進休息室，他想找個插座，為搜魚器接上電源，但休息室裡沒有，最後，威廉在男廁所裡找到了插座。

威廉一邊操作一邊解釋：「比如在72米深的地方有一條魚，在船的右舷邊35米處也有一條魚……」

威廉講得認真而投入，男廁所的其他人感到很好奇，不知道發生了什麼事情，也紛紛圍上來。15分鐘後，威廉結束了自己的示範，這四個人此時已由聽眾變成了顧客，恨不得把這件示範樣品馬上買回去。威廉告訴他們只要去任何一家大型零售店都能買得到，隨即又提供給他們一份當地的經銷商名單。

推銷時一定要抓住推銷時機，上面故事中的推銷員就是抓住了這一時機，向船主們散發廣告宣傳單，並且在恰當的時機進行示範。由於他抓住時機進行推銷，從而贏得了4名顧客。

原一平說，除了要掌握好推銷時機外，推銷地點也要選擇好。

在國際政治中，為了選定一個會談場所，不知要討論多少次。不管誰當東道主，談判各方總是希望他們做出有利於自己的安排。因此，最終往往選擇一個中立地點談判。越南戰爭時期，北越、南越革命者、南越當局、美國的四方會談是在法國巴黎舉行的。而20世紀90年代以來，中東問題會談屢次在美國舉行。這些事例充分說明了商談地點的重要性。對一位推銷員而言，商務談判或推銷活動的重要性，並不亞於一場政治談判對一個國家、一個政治集團的重要性。可是，有些推銷員卻經常忽略地點的重要性。

美國有一位人壽保險推銷巨星，名叫約翰．沙唯祺。他從來不做不管三七二十一就敲陌生人家門的事，而是全力開發客戶和朋友轉介的客戶，並極力主張邀請客戶到自己辦公室來談推銷。他在《最高行銷機密》（Savage on Selling）一書中寫道：

原一平說：「他們不可能要客戶到自己的辦公室去。可是牙醫就可以。那些經紀人就是喜歡跑出去受點傷害，才覺得自己是在做行銷的那種人。我們找客戶來辦公室，並不是要傷害他們，所以拜託大家，做事要專業一點，想想你的客戶，希望從你身上得到的是什麼？他們要的，只是你的『服務』和『誠實』。」

許多推銷員認為不能叫客戶上門，這是因為推銷員對自己的專業能力、形象、身分信心不足，尤其是低估了自己對客戶的影響力。其實，如果推銷不開口說話，怎麼知道客戶願不願意？讓我們看一看，在自己地盤上推銷，有哪些好處吧：

可以充分利用各種有利條件，盡情地佈置自己的辦公室，使環境有利於推銷；如果對方未接受我方提議就想離開時，可以很方便地予以阻止；以逸待勞，心理上佔有優勢；節省時間和路費；如發生意外事件，可以直接找上司解決；可以充分準備各種資料和展示工具，迅速回答對方提出的問題，並充分展示己方的優點。

《哈佛學不到的經營策略》作者，國際管理集團創始人麥考梅克說得好：

在你的地盤上談判，會給對方一種「入侵」的感覺，對方的潛意識中極有可能存在或多或少的緊張情緒。如果你彬彬有禮，讓對方舒服放鬆的話，那他的緊張情緒就會大大減緩，而你也就贏得了他的信任——即使真正的談判還未開始！

萬一客戶非要在自己的地盤上商談，那麼請做好準備，時刻預備反客為主。

「星期二下午兩點半，請到我的辦公室來！」別瞻前顧後，先大膽地說出這樣的話。畢竟，即使客戶拒絕，自己也不會有什麼太大的損失，不是嗎？

◆找到共同話題，掌握主動權

原一平非常擅長找共同話題，他認為推銷通常是以商談的方式進行，對話之中如果沒有趣味性、共通性是行不通的，而且通常都是由推銷員引出話題。倘若客戶對推銷員的話題沒有一點興趣，彼此的對話就會變得索然無味。

推銷員為了和客戶培養良好的人際關係，最好能儘早找出雙方共同的話題。所以，推銷員在拜訪客戶之前要先收集有關的情報，尤其是在第一次拜訪時，事前的準備工作一定要充分。

詢問是絕對少不了的，推銷員在不斷地發問當中，很快就可以發現客戶的興趣。例如，看到陽臺上有很多盆栽，推銷員可以問：「你對盆栽很感興趣吧？最近花市正在舉辦開鬱金香花展，不知道你去看過了沒有？」

看到的高爾夫球具、溜冰鞋、釣竿、圍棋或象棋，都可以拿來作為話題。對異性、流行時尚等話題也要多多少少知道一些，總之最好是無所不通。

打過招呼之後，談談客戶深感興趣的話題，可以使氣氛緩和一些，接著再進入主題，效果往往會比一開始就立刻進入主題好得多。

原一平為了應付不同的準客戶，每星期六下午都到圖書館苦讀。他研修的範圍極廣，上至時事、文學、經濟，下至家庭電器、菸斗製造、木屐修理，幾乎無所不包。

由於原一平涉獵的範圍太廣，所以不論如何努力，總是博而不精，永遠趕不上任何一方面的專家。

既然永遠趕不上專家，因此他談話總是適可而止。就像要給病人動手術的外科醫師一樣，手術之前先為病人打麻醉針，而談話只要能麻醉一下客戶就行了。

在與準客戶談話時，原一平的話題就像旋轉的轉盤一般，轉個不停，直到準客戶對該話題發生興趣為止。

原一平曾與一位對股票很有興趣的準客戶談到股市的近況。出乎意料，對方反應冷淡，莫非他又把股票賣掉了嗎？原一平接著談到未來的熱門股，他眼睛發亮了。原來他賣掉股票，添購新屋。結果他對房地產的近況談得起勁，後來原一平知道，他正待機而動，準備在恰當的時機，賣掉房子，買進未來的熱門股。

這一場交談，前後才9分鐘。如果把他們的談話錄下來重播的話，交談一定都是片片斷斷、有頭無尾。原一平就是用這種不斷更換話題的「輪盤話術」，尋找出準客戶的興趣所在。等到原一平發現準客戶趣味盎然，雙眼發亮時，他就藉故告辭了。

「哎呀！我忘了一件事，真抱歉，我改天再來。」

原一平突然離去，準客戶通常會以一臉的詫異表示他的意猶未盡。而他呢？既然已搔到準客戶的癢處，也就為下次的訪問鋪好了路。

要想使客戶購買你推銷的商品，首先要瞭解其興趣和關心的問題，並將這些作為雙方的共同話題。

除了找到共同話題外，推銷員還要善於觀察，找到客戶的心結，打開了客戶的心結，你的推銷就離成功很近了。

連續幾個月，原一平一直想向一位著名教授的兒子賣教育保險。根據以往的經驗，這種保單應該是很好做的，教授和教授夫人應該都是極重視教育的人。可這回不管原一平如何說服，他們對保險仍興致不高。

某天又去，只有教授夫人一個人在家，原一平就又跟她說起教育保險，她仍然沒什麼興趣。

原一平放眼在屋子裡尋找，一眼看見了立櫃上的照片，就挺有興趣地走了過去，一張一張看起來。

「噢，這位是……」

「是我父親，他可是位了不起的醫生。」

「醫生這一行可真了不起，救死扶傷。」

「是啊。我一直很崇拜的，可惜我丈夫是個文學教授……」

說到這，原一平已經知道如何說服這位夫人了。就又把話題扯開，聊起了教育保險。當談話無法進行之時，原一平就不無遺憾地對她說：「太太，我今天來這裡以為會碰上一個真正關心子女的家長，看來我是錯了，真遺憾！」

好強的教授夫人，對這一「誘餌」迅速地做出反應，說：「天下父母哪有不希望兒女成材的。哎，我那個兒子，一點也不像他父親，頭腦不靈光。他父親也說，這孩子不聰明，無法當學者。」

原一平甚表驚訝地說：「父母是父母，孩子是孩子，你們隨隨便便地認定孩子的將來是不對的，父母不能只憑自己的感覺就為孩子定位。」然後誠懇地說：「您和您丈夫是想讓孩子讀文科吧！」

「可不是，他父親一直想讓孩子在文學上有所成就，可這孩子對文學沒什麼興趣，倒是對理工科挺感興趣。這孩子挺喜歡待在他外公的診所裡，而且他理工科成績還不錯。」

「這樣的話，你們應該讓孩子來選擇自己的專業。」原一平由衷地說，教授夫人也接受了原一平的觀點。並開始計算起孩子的成績，為其做歸納分析，一時顯得挺高興的。

之後，原一平就不斷地提供意見給教授夫人：如果上醫學院，要準備很多錢……

其實教授夫人一直期盼兒子能青出於藍而勝於藍，希望孩子能夠上醫學院，以證明他的能力不輸給父親。原一平看出了這一點，一下子按動了她的心動鈕，不斷擴大一個母親的夢想。於是她當場買下原一平推薦的「5年期教育保險」。

◆掌握主動權，抓住潛在客戶

久負盛名的美國寶鹼公司，以生產日常洗滌與清潔用品為主業，不過由於該公司在世界各地分支機構的發展進程各不相同，也由於世界各國之間巨大的文化差異，因而使得它在全球許多地區經歷了一些意想不到的失敗和成功。

首先是在日本，起初寶鹼公司將其在美國旺銷的紙尿褲投放到日本，在各大醫院的產房留下了免費試用的樣品，還派人到居民區巡視，一看到哪家居民陽臺上晾曬著嬰兒尿布，便免費送上紙尿褲樣品。

一開始此舉還真靈驗：其紙尿褲的市場佔有率一下子從2%上升到10%，但其間的隱患卻沒有被察覺，那就是日本人如果購買紙尿褲，每個嬰兒每月需花費50美元。為什麼呢？因為在養育嬰兒的習慣方法上兩國存在著較大的差異：美國的母親平均每天只給嬰兒換6次尿布，而日本的母親則平均每天要給嬰兒換14次尿布，難怪日本人要花這麼多錢。此時一家日本本地的公司乘虛而入，生產出一種輕薄型的紙尿褲，不僅價格便宜，而且其使用和貯存都更加方便。由於母親們更願意購買這種名為「月牙」的紙尿褲，因而很快便把美國的此類產品擠出了日本市場。

然而，寶鹼公司在波蘭卻因為深諳當地居民的心理而取得了意想不到的成功。

波蘭本國的洗滌產品的特點是品質低劣，並有許多假冒的外國品牌，居民想買外國公司的產品，但又怕買到「假洋鬼子」。寶鹼公司便給自己產品的包裝貼上一些錯誤百出的波蘭文寫成的標籤，這些波蘭文不是拼寫有錯誤，便是語法亂七八糟。波蘭人看到這些洋相百出的商品標籤，馬上意識到這是真正的外國公司的產品，它們只是還沒來得及學會用正確的波蘭文字來表達而已。一時間，這些貼有錯誤百出的標籤的商品賣得十分紅火。

寶鹼公司生產的香皂曾經在日本做過電視廣告。為了說明其香皂能使婦女對男人更有吸引力，公司製作了這樣的電視廣告：一個男人聞到香皂的氣味便徑直闖入其妻子正在洗澡的浴室。這個廣告一經播出，與廣告製作人的預期目的完全相反，日本婦女看了怒不可遏，由此對該公司的香皂產生了極大的反感。因為與美國相反，在日本，男人看自己老婆洗澡是最無恥之舉。

嗚呼！做這廣告真是搬起石頭砸自己的腳。

居住於南美的秘魯人則沒有日本人這麼敏感。當寶鹼公司在當地的電視臺做洗髮精廣告時，選用了一個禿頂的秘魯中年男子，聲稱其洗髮精能夠幫助頭髮生長，並鼓動購買這種洗髮精作為送給爸爸的聖誕禮物。廣告一經播出，其洗髮精銷售量立刻便翻了三倍。

同樣是洗髮精，在波蘭，寶鹼公司卻非一帆風順。寶鹼公司在居民的信箱裡逐個投放了免費的小包試用樣品。居民們都歡呼起來，非常高興得到平時要排隊才能買到的外國貨，一位在郵局工作的工人甚至專程為寶鹼公司送去一籃感激的鮮花。然而風雲突變，貪婪而肆無忌憚的小偷全面掃蕩了所有居民的信箱以竊取免費的樣品，而負有間接責任的寶鹼公司則不得不馬上承擔起修理信箱的巨額開支，最終才勉強佔領了波蘭市場。

瞭解所在市場的風俗，尊重當地風俗才能有效的抓住主動權。

雖然你希望掌握推銷主動權，但是絕不能表現得太明顯，以至於讓客戶感到不舒服，甚至反感、厭惡。懂得了這一點，你時不時說聲「不」也就不是什麼壞事。事實上，當你說：「對不起，我沒有那種款式。」同樣能贏得幾分，因為客戶會認為你直率。要是客戶提出一種你沒有想到的選擇，絕不要責怪和貶低他的意見，如果你這樣做了，客戶就會以為你在侮辱他、批評他的判斷力和品味。

只要「不」說得恰當，客戶常常會寬容地說：「沒關係，沒有也無所謂。」但是要是你和他們發生爭執的話，他們就會失控，本來小事一樁，卻可能弄得彼此很不愉快。

高明的談判人員都深知這條教訓，他們常常會假裝被對方「俘虜」，然後做出一副吃虧讓步的樣子。在推銷中同樣有這個問題。你要讓客戶感到他們好像贏了幾分，這樣他們都能感覺放鬆。相反，要是你老想壓著對方，每次都只說「是」的話，他們就會想方設法勝過你。讓他們說幾句得意的話不僅無礙大局，而且能夠使你取得更多的信任票。所以，只要你在恰當的時候說「不」，你就更有可能在成交之際讓客戶說「是」。

在未能吸引準客戶的注意之前，推銷員都是被動的。這時候，說破了嘴，還是對牛彈琴。所以，應該設法刺激一下準客戶，以吸引對方的注意，取得談話的主動權之後，再進行下一個步驟。

使用「鞭子」固然可使對方較易產生反應，然而對推銷員而言，這是冒險性相當高的推銷方法，除非你有十成的把握，最好不要輕易使用它，因為運用「鞭子」，稍有一點閃失就會弄巧成拙，傷害到對方的自尊心，導致全盤皆輸。

還有，一定要與「笑」密切配合，否則就收不了尾。當對方越冷淡時，你就越以明朗、動人的笑聲對待他，這樣一來，你在氣勢上就會居於優勢，容易擊倒對方。此外，「笑」是具有傳染性的，你的笑聲往往會感染到對方跟著笑，最後兩個人笑成了一團。只要兩個人能笑成一團，隔閡自然會消除，那麼，什麼事情都好談了。

有一天，原一平拜訪一位準客戶。

「你好，我是明治保險公司的原一平。」

對方端詳著名片，過了一會兒，才慢條斯理抬頭說：

「幾天前曾來過某保險公司的業務員，他還沒講完，我就打發他走了。我是不會投保的，為了不浪費你的時間，我看你還是找其他人吧。」

「真謝謝你的關心，你聽完後，如果不滿意的話，我當場切腹。無論如何，請你撥點時間給我吧！」

原一平一臉正氣地說，對方聽了忍不住哈哈大笑起來，說：

「你真的要切腹嗎？」

「不錯，就這樣一刀刺下去……」

原一平邊回答，邊用手比劃著。

「你等著瞧，我非要你切腹不可。」

「來啊，我也害怕切腹，看來我非要用心介紹不可啦。」

講到這裡，原一平的表情突然由「正經」變為「鬼臉」，於是，準客戶和原一平一起大笑起來。

最後，順理成章地達成了交易。

贏得客戶，好好對待上帝

掌握一些技巧贏得客戶，然後好好對待上帝，這是原一平開展推銷工作的一個基本原則。

◆打破顧客心牆，接近客戶

原一平告訴我們，只有先把隱藏在客戶內心的磚塊拿掉，他才會安心地與你商談。以商業化的方式商談，則彼此只建立在純物質的關係上，將不利於推銷的進行與完成。

原一平列舉了以下幾種推銷過程中不宜的方式。在打破心牆的說話方式上，不能以激烈的語氣說話；不能假意討好；不能自吹自擂只顧自己的表現而忽視雙向的溝通及客戶的心理意識；不能冗長地談話，不能打斷話題；不能挖苦客戶；不能立即反駁客戶的意見。而是要注意人性心理的反應，客戶能接受的態度及情況……

可以提出對其有利害關係的問題，以激起其興趣與好奇，用輕鬆的方式塑造氣氛。在打破心牆建立良好氣氛時，要重視寒暄的方法。商談是始於心靈接觸，終於心靈的溝通與瞭解。唯有戶內心受到打動，才容易成交。

推銷商談或談判並非單向、一味地談自己這一方面的情況，在推銷過程中也不要只設定自己是推銷員在販售有實體的商品，更不要讓客戶認定你只是推銷員，只是在販賣一種商品給他，這樣客戶心中會有防線，有壓力，認為你只是在賺他的錢，而不是來告訴他如何獲取利益。

一開始要先培養正面有交情的氣氛，推銷的味道不宜太濃，先把自己推銷出去，再配合、強調整體行銷的包裝和促銷的重點，才容易使客戶有正面深刻的好印象，並產生購買的情緒和氣氛。

推銷工作的順利與否，其前提是有創意、有人情。在打破心牆方面，可使用小禮物、紀念品配合自己的表演，同時也要格外重視客戶的反應，對其所表達的自己情況也要認真地記錄或主動詢問，瞭解其內心真正的想法、觀念，並不時讚美，注意傾聽，不打斷其意見的表達，以其感興趣、有嗜好的話題為主，展開彼此的感情溝通。

原一平曾經制定計劃，準備向一家汽車公司開展企業保險推銷。所謂企業保險，就是公司為其職工繳納預備退休金及意外事故等的保險。

可是，聽說那家公司一直以不繳納企業保險為原則，所以在當時，不論哪家保險公司的推銷員發動攻勢都無濟於事。原一平決定集中攻佔一個目標，於是，他選擇了總務部長作為對象進行拜訪。

誰知，那總務部長根本不肯與他會面，他去了好幾次，對方都以抽不開身為託辭，根本不露面。

兩個月後的某一天，對方終於動了惻隱之心，同意接見他。走進接待室後，原一平竭力向總務部長說明加入人壽保險的好處，緊接著又拿出早已準備好的資料──「銷售方案」，滿腔熱情地進行說明，可總務部長剛聽了一半就說：「這種方案，不行！不行！」然後站起身就走開了。

原一平在對這一方案進行反覆推敲、認真修改之後，第二天上午又去拜見總務部長。對方再次以冰冷的語調說：「這樣的方案，無論你制定多少帶來也沒用，因為本公司有不繳納保險的原則。」

在遭到這種拒絕的一剎那，原一平呆住了。總務部長昨天說那個方案不行，自己才熬了一夜重新制定方案，總務部長卻又說什麼無論拿出多少方案也白搭……

原一平幾乎被這莫大的污辱整垮了。但忽然間，他的腦海裡閃出一個念頭，那就是「等著瞧吧，看我如何成為世界第一推銷員」的意志以及「我是代表明治保險公司來做推銷的」自豪感。

「現在與我談話的對手，雖然是總務部長，但實際上這位總務部長也代表著這家公司。

因此，實際上的談判對手，是其公司的整體。同樣，我也代表著整個明治保險公司，我是代替明治保險公司的經理到這裡來做推銷的。我不由得這樣想道，而且我堅信：『自己要推銷的生命保險，肯定對這家公司有益無害。』」

「於是，我的心情漸漸平靜下來。說了聲『那麼，再見！』就告辭了。」

從此，原一平開始了長期、艱苦的推銷訪問，前後大約跑了300次，持續了3年之久。從原一平的家到那家公司來回一趟需要6個小時，一天又一天，他抱著厚厚的資料，懷著「今天肯定成功」的信念，不停地奔跑。就這樣過了3年，終於成功地完成了盼望已久的推銷。

原一平遭拒絕的經歷實在是太多了。有一次，靠一個老朋友的介紹，他去拜見另一家公司的總務科長，談到生命保險問題時，對方說：「在我們公司有許多幹部反對加入保險，所以我們決定，無論誰來推銷都一律回絕。」

「能否將其中的原因告訴我？」

「這倒沒關係。」於是，對方就將其中原因做了詳細的說明。

「您說的的確有道理，不過，我想針對這些問題寫篇論文，並請您過目。請您給我兩周的時間。」臨走時，原一平問道：「如果您看了我的文章感到滿意的話，能否予以採納呢？」

「當然嘍，我一定向公司建議。」

原一平連忙回公司向有經驗的老手們請教。又接連幾天奔波於商工會議所調查部、上野圖書館、日比谷圖書館之間，查閱了過去3年間的《東洋經濟新報》、《鑽石》等有關的經濟刊物，終於寫了一篇滿有把握的論文，並附有調查圖表。

兩周以後，他再去拜見那位總務科長。總務科長對他的文章非常滿意，把它推薦給總務部長和經營管理部長，進而使推銷獲得了成功。

原一平深有感觸地說：「推銷就是初次遭到客戶拒絕之後的堅持不懈。也許你會像我那樣，連續幾十次、幾百次地遭到拒絕。然而，就在這幾十次、幾百次的拒絕之後，總有一次，客戶將同意採納你的計畫。」為了這僅有的一次機會，推銷員在做著殊死的努力。

原一平成為世界級推銷大師絕不是偶然的。從他的事蹟中我們可以感受到他的那份執著。

打破顧客的心牆以後，要充分激發客戶的興趣，只有客戶對你和你的產品感興趣，才能可能促成交易。激起對方的興趣，是銷售的先機。

◆與客戶思維保持同步，以吸引顧客注意

一位心理大師曾說，人們往往錯誤地以為我們生活的四周是透明的玻璃，我們能看清外面的世界。事實上，我們每個人的周圍都是一面巨大的鏡子，鏡子反射著我們生命的內在歷程、價值觀、自我的需要。

心理學研究發現，人們在日常生活中常常不自覺地把自己的心理特徵歸屬到別人身上，

認為別人也具有同樣的特徵，如：自己喜歡說謊，就認為別人也總是在騙自己；自己自我感覺良好，就認為別人也都認為自己很出色……心理學家們稱這種心理現象為「投射效應」。

「投射效應」對推銷最重要的一條啟示是：保持與客戶思維的同步，只有你的想法、你的行動與客戶的想法相一致，才能讓客戶更容易的接受你。

原一平提到，根據心理學的研究，人與人之間親和力的建立是有一定技巧的。我們並不需要與對方認識一個月、兩個月、一年或更長的時間才能建立親和力。如果方法正確了，你可以在5分鐘、10分鐘之內，就與他人建立很強的親和力。原一平認為，其中一個特別有效的方法是：在溝通時與對方保持精神上的同步。

所以優秀的推銷員對不同的客戶會用不同的說話方式，對方說話速度快，就跟他一樣快；對方說話聲調高，就和他一樣高；對方講話時常停頓，就和他一樣也時常停頓，這樣才不會出現「各說各話」的尷尬情景。因為能做到這一點，所以優秀的推銷員很容易和客戶之間形成極強的親和力，對各種客戶應付自如。

除了思想上要與客戶保持同步以外，還要吸引顧客的注意力。這對推銷成功也是至關重要的。

有一個銷售安全玻璃的推銷員，他的業績一直都維持北美整個區域的第一名，在一次頂尖推銷員的頒獎大會上，原一平遇到了他，原一平問他說：「你有什麼獨特的方法來讓你的業績維持頂尖呢？」他說：「每當我去拜訪一個客戶的時候，我的皮箱裡面總是放了許多裁成15公分見方的安全玻璃，我隨身也帶著一只鐵錘，每當我到客戶那裡後我會問他，『你相不相信安全玻璃？』當客戶說不相信的時候，我就把玻璃放在他們面前，拿錘子往桌上一敲，而每當這時候，許多客戶都會因此而嚇一跳，同時他們會發現玻璃真的沒有碎裂開來。然後客戶就會說：『天哪，真不敢相信。』這時候我就問他們：『你想買多少？』直接進行締結成交的步驟，而整個過程花費的時間還不到一分鐘。」

當他講完這個故事不久，幾乎所有銷售安全玻璃公司的推銷員出去拜訪客戶的時候，都會隨身攜帶安全玻璃樣品以及一只小錘子。

但經過一段時間，他們發現這個推銷員的業績仍然維持第一名，他們覺得很奇怪。而在另一個頒獎大會上，原一平又問他：「我們現在也已經做了和你一樣的事情了，為什麼你的業績仍然能維持第一呢？」他笑一笑說：「我的秘訣很簡單，我早就知道當我上次說完這個點子之後，你們會很快地模仿，所以自那時以後我到客戶那裡，唯一所做的事情是我把玻璃放在他們的桌上，問他們：『你相信安全玻璃嗎？』當他們說不相信的時候，我把玻璃放到他們的面前，把錘子交給他們，讓他們自己來砸這塊玻璃。」

許多推銷員在接觸潛在客戶的時候都會有許多的恐懼，不論我們所接觸客戶的方式是電話或面對面的接觸，每當我們剛開始接觸潛在客戶的時候，大部分的結果都是以客戶的拒絕而收場。

接觸潛在客戶是必須要有完整計畫的，每當我們接觸客戶時，我們所講的每一句話，都必須經過事先充分的準備。因為每當我們想要初次接觸一位新的潛在客戶時，他們總是會有許多的抗拒或藉口。他們可能會說：「我現在沒有時間，我不需要……」等等的藉口，客戶會想盡辦法來告訴我們他們不願意接觸我們。所以接觸潛在客戶的第一步，就是必須突破客戶這些藉口，因為，如果無法有效地突破這些藉口，我們永遠沒有辦法開始我們產品的銷售過程。吸引顧客的注意力，是打開推銷過程很好的方法。

◆從顧客喜好出發

原一平準備去拜訪一家企業的老闆，由於各種原因，他用盡各式各樣的方法，都無法見到他的人。

有一天，原一平終於找到靈感。他看到附近雜貨店的夥計從老闆公館的另一道門走了出來。原一平靈機一動立刻朝那個夥計走去。

「這位小哥，你好！前幾天，我跟你的老闆聊得好開心，今天我有事請教你。」

「請問你老闆公館的衣服都由哪一家洗衣店洗的呢？」

「從我們雜貨店門前走過去，有一個上坡路段，走過上坡路，左邊那一家洗衣店就是了。」

「謝謝你，另外，你知道洗衣店幾天會來收一次衣服嗎？」

「這個我不太清楚，大概三、四天吧。」

「非常感謝你，祝你好運。」

原一平順利從洗衣店店主口中得到老闆西裝的布料、顏色、式樣的資料。

西裝店的店主對他說：「原先生，你實在太有眼光了，你知道企業名人某某老闆嗎？他是我們的老主顧，你所選的西裝，花色與式樣，與他的一模一樣。」

原一平假裝很驚訝地說：「有這回事嗎？真是湊巧。」

店主主動提到企業老闆的名字，說到老闆的西裝，領帶，皮鞋，還進一步談到他的談吐與嗜好。

有一天，機會終於來了，原一平穿上那一套西裝並打了一條搭配的領帶，從容地站在老闆前面。

如原一平所料，他大吃一驚，一臉驚訝，接著恍然大悟大笑起來。

後來，這位老闆成了原一平的客戶。

原一平告訴我們，接近準客戶最好的方法就是投其所好。培養與準客戶一樣的愛好或興趣。當準客戶注意你時，就會有進一步想瞭解你的欲望。

推銷員看到一個小孩蹦蹦跳跳，東摸西抓，片刻不停，也許會心中生厭。但一名推銷高手，卻對他母親說：「這孩子真是活潑可愛！」

孩子是父母心中的「小太陽」，看到孩子，不論長相如何，也不管可愛與否，推銷員應該說的是：「喔！好可愛的孩子！幾歲了？……」這樣一定能打開對方的話匣子，把小寶寶可愛聰明的故事說上一大堆。這種和諧的氣氛自然能「融化」父母的藉口，順利推銷你的商品。

小孩、寵物、花卉、書畫、嗜好等都可縮短雙方的距離，顧客的喜好是多種多樣的，推銷員要廣泛搜集，並進行研究，掌握其要點，以便對話時有共同語言。瞭解顧客的喜好對推銷的成功具有推波助瀾的作用，推銷員必須善於利用。

優秀的推銷員其實也是個講故事的高手，因為在推銷的語言技巧中要運用講故事的地方實在太多了。小故事在推銷的語言技巧、反對客戶拒絕的語言技巧中使用的比例高得驚人。引用小故事、成語或寓言也有幾項簡單的要領，內容精彩固然重要，但要客戶聽得入神可就要看推銷員的本領了。

推銷員引用的小故事內容一要讓客戶略感恐怖，二要讓客戶覺得幽默。前者可以讓客戶產生「不買的話會有何後果？」的恐懼，後者則讓客戶產生夢想「買了的話將可享受某種樂趣」。

在推銷員與客戶接近階段引用小故事時應以具有幽默效果比較適宜，在拒絕處理階段則視客戶拒絕的態度來決定，至於促成階段則較適合使用具有恐怖效果的小故事。

講小故事時最好是突然引用。這是推銷員引用小事的訣竅，就是說，不需要做預告，單刀直入的講就可以了。因為當客戶一聽到「有個故事是這樣的……」往往會認為那只是個故事，和自己沒有關係。

講小故事還要會隨時插入。引用小故事不見得非得在客戶提出拒絕後，其引用的主要目的是為了提高客戶的購買意願，所以在任何一個階段隨時都可以來上一段故事。客戶拒絕時一定要有相應的故事做緩衝，因此，平時應多準備一些小故事。

◆要懂得分享客戶的喜悅

有時接近客戶並不需要什麼客套話，在一次推銷員大會上原一平聽到了一個超級推銷員講述了他的故事：

那是我第一次去大城市推銷。出站就分不清東西南北了。好不容易找到客戶的商店，他正忙著招呼顧客，三歲的小兒子獨自在地板上玩耍。小男孩很可愛，我們很快就成了朋友。客戶一忙完手中的事，我就趕緊做自我介紹。他說很久沒有買我們的產品了。我沒有急著推銷，只談他的小兒子。後來他對我說：「看來你真是喜歡我兒子，晚上就來我家，參加他的生日晚會吧，我家就在附近。」

我在街上逛了一圈，就去了他家。大家都很開心，我一直到最後才離開，當然手裡多了一筆訂單——那是一筆我從未有過的大單。我沒有極力推銷什麼，只不過對客戶的小兒子表示友善而已，就和客戶建立了良好的關係，並達到了目的。

當然，並不是誰都有機會和客戶的小兒子玩，也不是總能知道客戶到底喜歡什麼，但還是有方法和客戶交上朋友。另一個相當成功的推銷員也講了一個故事：「許多年前，我還很年輕的時候，我試著向一位大製造商推銷產品，但一直未能如願。一天，我又去他的辦公室，他滿臉不高興，說：『我現在沒空，我正要出去吃午飯。』我想我不能遵守常規了，就大著膽子說：『我能和您一起吃飯嗎？』他很有些驚訝，但還是說：『那好吧。』

吃飯的時候，推銷的事我隻字未提。回到辦公室，他給了我一張小訂單——這是我一直想要的。那以後我得到了源源不斷的訂單。我做了什麼嗎？其實什麼也沒做，只是聽他說。他說了好多，我想那都是他自己喜歡的。」

原一平後來說，好好對待客戶做起來很簡單，只要你真誠的尊重他，懂得分享他的喜悅。

管好客戶資源，讓客戶連成片

客戶資源是一個推銷員最大的財富，管理好你的客戶資源，讓你的客戶連成片，你就成為了一個優秀的推銷員。這是原一平給我們的第七個忠告。

◆給你的客戶建檔案

為顧客建立檔案，體現盡力為顧客服務的心願，是商業企業的一種有效的推銷手段。日本某食品公司開業不久，精明的老闆便向戶籍部門索取市民生日資料，建立顧客生日檔案。每逢顧客生日，該公司便派人把精製的生日蛋糕送到顧客家中。這一舉措讓顧客感到異常驚喜，相應地，該公司的社會知名度也愈來愈高，生意愈來愈紅火。

號稱「經營之神」的王永慶先生，最初開了一家米店，他把到店買米的顧客家庭人口消費數量記錄在心。時間一到，不等顧客購買，王永慶就親自將米送上門，深得顧客的好評和信任。這種經營方法和精神，使王永慶先生的事業蒸蒸日上。

據報導，杭州華聯商廈在經營中走訪了許多顧客，並建立了顧客檔案，商業企業可與顧客建立起經濟性的聯繫，透過溝通增加雙方的情感，樹立起商業企業的良好形象。從企業經營方面分析，透過建立顧客檔案，可以改變依靠微笑的淺層次的商業服務品質。商業企業透過顧客檔案建立的聯繫網可以及時瞭解顧客的需求變化和消費心理，向顧客推薦商品，增加服務內容和項目，把生意做到顧客家裡去，開拓服務新天地，從而使商業企業的服務更上一層樓。

給顧客建檔案有一個很簡單的方法，就是給客戶建立客戶卡。

面對不同的客戶，推銷人員必須製作客戶卡，即將可能的客戶名單及其掌握的背景資料，用分頁卡片的形式記錄下來。許多推銷活動都需要使用客戶卡，利用卡片上登記的資料，發揮客戶卡的資訊儲存與傳播作用。當你上門探訪客戶、寄發宣傳資料、郵送推銷專利和發放活動的邀請書、請柬，以至於最終確定推銷方式與推銷策略時，都離不開客戶卡。

在製作客戶卡時，客戶卡上的記錄都依推銷工作時間的延伸而不斷增加，資訊量也要不斷擴展。如上門訪問客戶結束後，推銷人員要即時把訪問情況、洽談結果、下次約見的時間地點和大致內容記錄下來。至於其他方面獲得的資訊，如客戶公司負責購買者與領導決策者之間的關係、適當的推銷準備、初步預定的推銷方法和走訪時間也要一一記錄，以便及時總結經驗，按事先計畫開展推銷活動。

客戶卡是現代推銷人員的一種有效推銷工具。在實際推銷工作中，推銷人員可以根據具體需要來確定客戶卡的格式。一般來說，客戶卡包括下列內容：

·顧客名稱或姓名；
·購買決策人；
·顧客的等級；
·顧客的位址、電話等；
·顧客的需求狀況；
·顧客的財務狀況；
·顧客的經營狀況；
·顧客的採購狀況；
·顧客的信用狀況；
·顧客的對外關係狀況；
·業務連絡人；
·建卡人和建卡日期；
·顧客資料卡的統一編號；
·備註及其他有關項目。

對客戶卡進行「建檔管理」應注意下列事項：

是否在訪問客戶後立即填寫此卡？
卡上的各項資料是否填寫完整？
是否充分利用客戶資料並保持其準確性？
主管應指導業務員盡善盡美地填寫客戶卡。
最好在辦公室設立專用檔案櫃放置「客戶卡」，並委派專人保管。
自己或業務員每次訪問客戶前，先查看該客戶的資料卡。
應分析「客戶卡」資料，並作為擬訂銷售計畫的參考。

◆多收集客戶資料，建立客戶網

原一平說，你對顧客瞭解得越多，你的推銷成功機率就越大。
原一平曾有過一個他自己都覺得實在不太像話的教訓。
有一家銷售男性產品的公司，該公司經常在報紙雜誌上宣傳他們的「真空改良法」。
有一天，原一平的業務顧問把原一平介紹給該公司的總經理。原一平帶著顧問給他的介紹函，欣然前往。

可是，不論原一平什麼時候去總經理的住處拜訪，總經理不是沒回來，就是剛出去。每次開門的都是一個像頤養天年的老人家。

老人家總是說：「總經理不在家，請你改天再來吧！」

就這樣，在3年零8個月的時間裡，原一平前前後後一共拜訪了該總經理70次，但每次都撲空了。

原一平很不甘心，只要能見到那位總經理一面，縱使向他當面大叫「我不需要保險」，也比像這樣連一次面都沒見到要好受些。

剛好有一天，一位業務顧問把原一平介紹給附近的酒批發商Y先生。

原一平在訪問Y先生時，順便請教他：「請問住在您對面那幢房子的總經理，究竟長得什麼模樣呢？我在3年零8個月裡，一共拜訪他70次，卻從未和他碰過一次面。」

「哈哈！你實在太粗心大意了，喏！那邊正在掏水溝的老人家，就是你要找的總經理。」

原一平大吃一驚，因為Y先生所指的人，正是那個每次對他說「總經理不在家，請你改天再來」的老人家。

「請問有人在嗎？」

「什麼事啊？」

原一平第71次敲開了總經理的大門，應聲開門的仍是那位老人家。臉上一副不屑的樣子，意思就像說：「你這小鬼又來幹什麼！」

原一平倒是平靜地說：「你好！承蒙您一再地關照，我是明治保險的原一平，請問總經理在家嗎？」

「唔！總經理嗎？很不巧，他今天一大早就去國民小學演講了。」

老人家神色自若地又說了一次謊。

「哼！你自己就是總經理，為什麼要欺騙我呢？我已經來了71次了，難道你不知道我來拜訪你的目的嗎？」

「誰不知道你是來推銷保險的！」

「真是活見鬼了！要是向你這種一隻腳已進棺材的人推銷保險的話，會有今天的原一平嗎？再說，我們明治保險公司若是有你這麼瘦弱的客戶，豈能有今天的規模。」

「好小子！你說我沒資格投保，如果我能投保的話，你要怎麼辦？」

「你一定沒資格投保。」

「你立刻帶我去體檢，小鬼頭啊！要是我有資格投保的話，我看你的保險飯也就別再吃啦！」

「哼！單為你一人我不幹。如果你全公司與全家人都投保的話，我就打賭。」

「行！全家就全家，你快去帶醫生來。」

「既然說定了，我立刻去安排。」爭論到此告一段落。

數日後，他安排了所有人員的體檢。結果，除了總經理因肺病不能投保外，其他人都變成了他的投保戶。

多瞭解你的客戶，然後給你的客戶建立檔案，然後把這些檔案整理好，就建成了你自己的客戶網。

你作為一名專業推銷員所面臨的最大的挑戰之一就是需要不斷地發展合格的新準客戶。在追求更高水準的生產力的過程中，你開發了一個忠誠的、建立在引薦基礎之上的客戶群。成功的關鍵就是：即使當這些客戶和被他們引薦的人讓你忙得不亦樂乎時，你仍然需要繼續不斷地探尋和發現新的生意來源。於是，面臨的挑戰就會是如何最有效地使用你的寶貴時間以達到這個目標。建立準客戶網是一個可行的辦法。

只要你推銷的產品和你提供的服務與競爭對手相比，起碼是相同的，那麼「認識你、喜歡你和相信你」的因素就會幫你勝出。讓我們快速地看看這句話：「關鍵不是你知道什麼，而是你認識什麼人。」這句話只對了一半。也許你應該為這句話加上一點：「關鍵不是你知道什麼，或是你認識什麼人，而是你認識知道你的生意是什麼的人，而且你知道這個瞭解你的人或他所認識的其他人在什麼時候需要你的產品和服務。」是的，這句話很繞口，實際上，甚至還要加上另一句，它才意義完整：「設法讓知道你的生意是什麼的人認識你、喜歡你和相信你。」這就是有效個人定位的開始。

◆穩住你的老客戶

老顧客（如批發商、零售商）總是擔負著公司產品推銷的重任，是支撐公司賴以生存的重要力量，推銷員要不斷地跟他們接觸交往，確保交易的繼續，千萬不能怠慢了老顧客。

原一平說，推銷員都知道確保老顧客非常重要，但在實際行動上卻往往草率從事，馬馬虎虎，怠慢老顧客。一旦交易成功就容易產生贏得歸自己用的棋子一樣的錯覺，要訂貨嘛，一個電話過去，把精力全部集中在開發新市場方面。在接待老顧客時也不那麼講究了，不像開始時那樣客氣謙虛，說話粗聲大氣，態度也變得傲慢起來。這大概是人固有的淺見吧！這樣做的後果是很可怕的。

要當心競爭對手正窺視你的老顧客。同行的競爭對手正在對你已經獲得的客戶虎視眈眈，想方設法，不！是千方百計竭盡全身力氣以圖取而代之。你對老顧客在服務方面的怠慢可使競爭對手有可乘之機，如不迅速採取措施，照此下去，用不了多長時間你就要陷入危機之中。要採取必要的防衛措施。已經得到的市場一旦被競爭對手奪走，要想再奪回來可就不那麼容易了。老顧客與你斷絕關係大半是因為你傷了對方的感情。一旦如此，要想重修舊好，要比開始時困難得多。因此，推銷員要一絲不苟地對競爭對手採取防衛措施，千萬不要掉以輕心。

如果競爭對手利用你對老顧客的怠慢，以相當便宜的價格向老顧客供貨，但尚未公開這麼做時，你馬上採取措施還來得及。你要將上述情況直接向上司彙報，研究包括降價在內的相關對策。必須在競爭對手尚未公開取而代之前把對方擠走。

當老顧客正式提出與你終止交易時，往往是競爭對手已比較牢固地取代本公司之後的事情了，問題已相當嚴重，要想挽回已為時過晚，想立即修好恢復以往的夥伴關係更是相當困難了。這個時候的經辦推銷員如果惱羞成怒和對方大吵大鬧，或哭喪著臉低聲下氣地哀求都是下策，以雙方之間未完事項對對方出難題也很不高明。被取代的理由不管有多少，歸根結底都是經辦推銷員的責任。推銷員要具有把被奪走的市場再奪回來的戰鬥精神。

不過，急於求成，採用以毒攻毒的辦法也壓低價格或揭露競爭對手的短處千萬使不得。聰明的辦法是坦率地老老實實地承認自己敗北，並肯定競爭對手的一些長處，同時心平氣和地請求對方「哪怕少量的象徵性的也成，請繼續保持交易關係。」在這種情況下，即使對方態度冷淡不加理睬也要耐心地說服對方，自己要不動聲色地忍耐一切。作為一位專業推銷員，往往是在忍受屈辱的磨練中成長成熟起來的。只要耐著性子，不知不覺地使對方感到你的誠意，就會把競爭對手擠走。

當已佔領的市場被競爭對手奪走時，必須從競爭對手手裡再奪回來。這是推銷員責無旁貸的義務。雖然如此，一流的推銷員應當是防患於未然，而不是亡羊補牢。

對生意介紹人，必須信守承諾

大家都知道，有人脈就有錢賺。對一個推銷員來說，客戶就是他的搖錢樹。要想時時有錢賺，必須廣開人脈。這是原一平成為推銷之神的重要原因，也是他給我們的第8個忠告。

◆人脈是賺錢的基礎

和許多專業推銷員一樣，相對於你現在的生產力水準而言，你其實已經具備更多的技巧、教育和培訓，在開始一次推銷時，調查出一種需要時，設計一個方案時，或成交一項銷售時，你可能會感覺良好。如果你做了一次通盤分析，你就會發現在你的生意中你很可能最不喜歡的就是自己在探尋新生意時不得不面臨的拒絕。

戰勝拒絕的一個辦法就是開發出一套行銷計畫，這套計畫透過有影響力的中心人物來定位你的產品或服務，你可以運用這套系統達到自己的目標，而且把痛苦的拒絕降低到最少的發生機率。

一套以能產生被薦人為基礎的行銷系統對你會有用，一是因為你的確可以學會它，但更主要的是因為它的建立基礎扎根於人性本質：人們願意幫助那些他們喜歡和關心的人，想一想最近一次你向別人引薦生意；你之所以這麼做，難道不是因為你知道介紹這兩個人互相認識會讓他們兩個建立起一種雙贏的關係？

一位MDRT的專業推銷員幾年前曾經向他的一位客戶引薦一個財務計畫員，他回憶說：「我認識這位計畫員已經有一段時間了，而且我相信她的能力、辦事手法和動機。我知道她有能力讓我的客戶高興，讓他們兩個接觸，長期來說，對他們、對我都有好處。」

從中心人物的角度來看，他們也確實有客戶需要你的產品和服務。不過為了讓他們更自如地為你提供被薦人，你必須成為這些中心人物可以依賴的供應者，當他們的朋友或熟人需要你的產品或服務時，你既具備充分的技能，又肯定會誠實正直地幫助他們。一旦建立了依賴和信心，被薦人就會紛至沓來。

吉田登美子，1976年進入三井人壽保險公司京都分公司。曾任三井人壽保險公司京都分公司直屬企業FD的保險理財顧問。1977年，成為MDRT會員。1985年至今，她是三井人壽冠軍推銷員，頂尖會員，MDRT三井分會會長，全日本壽險推銷人員協會京都府協會會長。1995年契約總值約為65億日圓，所得總金額為8000萬日圓。

進入三井人壽之初，吉田登美子所做的第一件事情，就是挨家挨戶拜訪客戶。每天一早，她會抱著一大摞宣傳單，固定在一個鄰里拜訪發送，這段時間吉田登美子不是被關在門外，就是被當面拒絕。

後來經過市場調查，吉田登美子選擇醫師和醫院作為她的推銷市場。

吉田登美子依照地圖的標示，決定走完京都大大小小所有的醫院診所。一天，她正要去車站搭車，可是人一到月臺，電車正好開走，而下一班車還得再等20分鐘。吉田登美子突然看到月臺對面有一塊醫院招牌，於是吉田登美子大步來到這家醫院，才到門口，便湊巧撞上穿著白衣的醫生。吉田登美子一時頭腦反應不過來，便劈頭直說：「我是三井人壽的吉田登美子，請你投保！」

這位醫生對吉由登美子的單刀直入產生了興趣。

「這麼簡單就要人投保呀？有意思，進來聊聊吧。」

進了醫院，吉田登美子將平時學會的保險知識全盤托出，最後還加了一句：「我正要從上賀茂開始，一直拜訪到伏見。」

其實醫生早已買了好幾份保險，也知道吉田登美子還是保險推銷的新手。可是看在吉田登美子態度認真的分上，說出了心裡話：「保險實在高深莫測，說實話，我已經保了五、六張，可是每次都被保險推銷員說得天花亂墜，事後根本一問三不知，這裡有我兩張保單，就當是學習，給你拿回去評估評估好了。」

拿了保單，吉田登美子充當醫生的家人，分別拜訪了醫生投保的公司，一一確認保單的內容，然後製作了一本圖文並茂的解說筆記。

當醫生把解說筆記交給他的會計師看時，會計師極力稱讚這份評估報告，而且還建議醫生買保險就最好向吉田登美子買，結果，醫生就正式要求吉田登美子為他重新組合設計他現有的那六張保單。

吉陽登美子根據醫師的需求，將原本著重身後保障的死亡保險，轉換為適合中老年人的養老保險與年壽保險。對吉田登美子來說，這位醫生客戶不但為吉田登美子帶來一分高達8000萬日圓的定期給付養老保險契約的業績，同時也給了她一次難得的比較各家保險公司保險商品的機會。

後來，這位醫生又將吉田登美子介紹給幾位要好的醫生朋友。這幾位醫生，也都請求吉田登美子為他們評估現有的保單。而吉田登美子也不厭其煩地為他們製作解說筆記，詳細記錄何時解約會得到多少解約金、不準時繳費的結果、殘廢後的稅賦問題等等。

透過層層介紹，吉田登美子由一個醫師團體介紹到另一個團體，就這麼輾轉引介，吉田登美子終於擁有最高醫師客戶佔有率的保險推銷員頭銜。這個成績相當難得，因為京都地區的醫師團體向來十分封閉，一般推銷員如果不是套關係，根本無法切入這塊人人覬覦的市場。

於是，在進入三井人壽的第二年，也就是1977年，吉田登美子順利登上京都地區的業績冠軍寶座。

◆利用滿意客戶群，實施獵犬計畫

原一平說推銷員獲得新客戶的辦法有很多，其中最有效的可能就是利用滿意的客戶的推薦來爭取新客戶了。從策劃之精心、對個人之尊重來看，加拿大「日產」的努力可稱得上達到了這一方法的「藝術境界」，但是，這些還不是他們最成功的推銷手法。

有一個做法使日產公司在個別顧客身上得到了更多生意，那就是請最滿意的顧客群來進行推薦。

假設你一年內剛買了一輛日產新車，而汽車公司告訴你誠實地將意見提供給想買車的消費者作參考，就可以獲贈雨傘或旅行袋之類的小禮物，另加一張價值200美金的購車折價券，你覺得如何？參加方式是將你的日夜聯絡電話留給15至20位附近地區有意購買日產汽車的人，而且不一定要這些人打電話來找你，你才能獲得優惠。

日產汽車（以及其他寄發問卷給新車主的汽車公司）已經有足夠的資料找出最滿意的顧客，反正滿意的顧客終究會向朋友推薦產品，那麼何不運用這些資料，使推薦活動更積極呢？

這個技巧也可以用於其他選購性的商品和服務，例如個人電腦或軟體，還有家電用品、腳踏車、化妝品、幼稚園、房地產、船運公司和承包商等。重點是要像日產汽車一樣清楚：誰才是忠實顧客。小企業一樣可以利用口碑相傳的力量，比如說，對於正考慮是否送小孩去參加「夏令營」的家長，主辦單位可列出附近地區去年參加過該「夏令營」的學生家長的姓名和電話給他們。

使用這種方法時有兩個要訣必須牢記：首先，要創造利潤，除了找出忠實顧客，還得知道誰可能會買。由於進行推薦，必須徵求推薦人，並給予獎勵，每位推薦人直接影響的範圍有限，最後很可能導致吃力不討好，所以一定要看準最有可能購買的顧客，才不會白白浪費請推薦人的錢。

其次，不要按推薦人所促成的實際銷售額來獎勵推薦人，這樣容易給人「買通」推薦人的印象，反而會破壞整個計畫，因為推薦人制度主要憑藉的是消費者與消費者之間客觀的口碑和建議。只要促進了這種口口相傳的溝通，任務也就達成了。

必須讓推薦人根據實際使用經驗，表達客觀、誠實的意見，同時告訴潛在顧客，推薦人並不從銷售額當中抽取佣金。只要試驗一兩次之後，就可以從記錄中看出誰是最佳推薦人了。

優秀的推銷員懂得讓每位客戶認為他有責任幫你再介紹客戶。一旦介紹的程序開始運作，你就不需要面對陌生的準客戶了，即使被介紹的準客戶，很少會回過頭去向原先的介紹人查證什麼，這種方法會大幅改善銷售成功的機率，在一定的約訪數字下，敲門的次數可以減少；會談的次數可以降低；成交比例可以增加；成交金額可以擴大；還有更多的新名字被介紹，重新開始另一個銷售程序。

你可以這樣說：「先生，你曾說過，你把工程的大部分都包出去了，其中哪家公司轉包的特別多呢？從你這裡分得最多工作的那個人是誰，他可能正是我要找的那一類人，你不會介意用你的名字，來讓我獲得推薦，是不是？」

有時取得介紹和完成交易一樣困難。它的重要性，並不亞於促成交易。

準客戶有時會說：「我必須先和他談談詳細情形。」

「李先生，這是對的，我很願意你先跟他談談，不過別跟他談得太詳細，他的狀況和你的狀況可能不大相同。你只要告訴他，只需花一些時間，就可以獲得和你一樣的好處；我僅佔用他半個小時而已。」

現在你獲得了一張名單——也就是整個周期的第一步，下一步就要約訪。此時應該儘早與被介紹人聯絡，被介紹人可不是好酒，不會越陳越香。他們會像條魚，不趁新鮮時烹了，久了就壞掉，不可久藏。

重視二五〇法則，客戶不再遙遠

如果一個人不滿意你的服務，他會帶給250個人對你的反對。

◆二五〇定律的由來

喬．吉拉德是美國歷史上最偉大的汽車推銷員。在他剛剛任職不久，有一天他去殯儀館，哀悼他的一位朋友謝世的母親。他拿著殯儀館分發的彌撒卡，突然想到了一個問題：他們怎麼知道要印多少張卡片，於是，吉拉德便向做彌撒的主持人打聽。主持人告訴他，他們根據每次簽名簿上簽字的人數得知，平均來這裡祭奠一位死者的人數大約是250人。

不久以後，有一位殯儀業主向吉拉德購買了一輛汽車。成交後，吉拉德問他每次來參加葬禮的平均人數是多少，業主回答說：「差不多是250人。」又有一天，吉拉德和太太去參加一位朋友家人的婚禮，婚禮是在一個禮堂舉行的。當碰到禮堂的主人時，吉拉德又向他打聽每次婚禮有多少客人，那人告訴他：「新娘方面大概有250人，新郎方面大概也有250人。」這一連串的250人，使吉拉德悟出了這樣一個道理：每一個人都有許許多多的熟人、朋友，甚至遠遠超過了250人這一數字。事實上，250只不過是一個平均數。

因此，對於推銷人員來說，如果你得罪了一位顧客，也就得罪了另外250位顧客；如果你趕走一位買主，就會失去另外250位買主；只要你讓一位消費者難堪，就會有250位消費者在背後使你為難；只要你不喜歡一個人，就會有250人討厭你。

這就是吉拉德的250定律。由此，吉拉德得出結論：在任何情況下，都不要得罪哪怕是一個顧客。

在吉拉德的推銷生涯中，他每天都將250定律牢記在心，抱定生意至上的態度，時刻控制著自己的情緒，不因顧客的刁難，或是不喜歡對方，或是自己情緒不佳等原因而怠慢顧客。吉拉德說得好：「你只要趕走一位顧客，就等於趕走了潛在的250位顧客。」

世界一流推銷大師金克拉在推銷時，總是會隨身攜帶兩張白紙。一張紙滿滿地寫著許多人的名字和別的東西；另一張紙是一張完全的白紙。他拿這兩張紙有什麼用呢？原來那張有字的紙是顧客的推薦詞或推薦信，當他的銷售遭到顧客的拒絕時，他會說：「××先生／女士，您認識傑克先生吧？您認識傑克先生的字跡吧？他是我的顧客，他用了我們的產品很滿意，他希望他的朋友也享有到這份滿意。您不會認為這些人購買我們的產品是件錯誤的事情，是吧？」

「您不會介意也把您的名字加入他們的行列中吧？」

有了這個推薦詞，金克拉一般會取得戲劇性的效果。

那麼，另一張白紙是做什麼用的呢？

當成功地銷售一套產品之後，金克拉會拿出一張白紙，說：「××先生／女士，您覺得在您的朋友當中，還有哪幾位可能需要我的產品？」

「請您介紹幾個您的朋友讓我認識，以便使他們也享受到與您一樣的優質服務。」然後把紙遞過去。

85％的情況下，顧客會為金克拉推薦2～3個新顧客。

金克拉就是這樣運用顧客推薦系統建立自己的儲備顧客群。

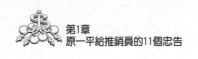

◆隨時隨地發展你的客戶

一次，原一平坐計程車，在一個十字路口，因紅燈停下了，緊跟在他後面的一輛黑色轎車也被紅燈攔下，與他的車並列。

原一平從窗口望去，那輛豪華轎車的後座上坐著頭髮已斑白，但頗有氣派的紳士，他正閉目養神。原一平動了讓他投保的念頭，他記下了那輛車的號碼，就在當天，他打電話到監理所查詢那輛車的主人，監理所告訴他那是F公司的自用車，他又打電話給F公司，接電話小姐告訴他那輛車是M董事長的車子，於是，原一平對M先生進行了全面調查，包括學歷、出生地、興趣、嗜好、F公司的規模、營業項目、經營狀況，以及其住宅附近的地圖。

調查至此，他把所得的資料與那天閉目養神的M先生對比起來，稍加修正，就得到M董事長的雛形——一位全身散發柔和氣質，頗受女士歡迎的理智型的企業家。

從資料上，他已經知道M是某某縣人，所以，他的進一步準備工作是打電話到其同鄉處查詢資料。透過同鄉人之口，原一平知道M先生為人幽默，風趣又熱心，並且好出風頭，待所有資料記錄到備忘錄上之後，原一平才正式接觸其本人。

萬事俱備，只欠東風，接下來的事就順理成章，M先生愉快地在原一平的一份保單上簽上了名字。

推銷界裡神話和傳說頗多，有些推銷員愛講原一平和齊藤竹之助等人堅持拜訪一家客戶數年之久，終於成交的故事，以此來為自己無數次重複拜訪一個客戶辯解。這種執著勁是非常感人的，確實也有人就這樣做出了成績。「半年不開張，開張吃半年」，倒也不錯，問題是「半年不開張」時怎麼生存？

同樣是捕羚羊，人可以一邊追一隻羊，一邊四處開槍，扔手榴彈，打死打傷很多羊，完全沒有必要死盯一隻。我們並非提倡獵殺野生動物，只是以此作為例子，說明人與一般動物的區別：利用各種工具，延伸自己的能力，擴大影響力範圍。

在每一個人的生活領域中，總會有屬於自己的小天地，屬於自己的人脈系統，250法則應用到現在的推銷系統十分合適。

例如，在求學時期，一般人最起碼都會經過小學、初中到高中三個階段，在這個過程中，不管是名列前茅的好學生或是流落在「放牛班」裡的壞學生，都應該有同班同學或認識較深的死黨，如果以每個求學階段可以認識四十個同學來計算，三個階段就已經有一百二十條屬於同學的人脈關係了，接著再加上自已的親戚三十人、朋友三十人、師長三十人、前後期學長與學弟三十人、鄰居二十人、職場中的同事三十人，或住家附近提供生活所需的商家……統計起來，早就超過兩百五十條人脈。另外有人還會加入民間社團、宗教團體、學會、工會、商會等等組織，都會增加自已的人脈。由此看來，我們可以說，每一個人都應該有超過兩百五十個人脈關係，而且這些資料還會隨著年歲的增長，與人接觸機會的增多，而累積出更加豐富的人脈。

所以，每一個人絕對不可以輕忽自已曾經擁有，以及目前已經擁有的這兩百五十條以上的人脈，而必須要好好地整理培養與運用，開拓自已的人際網絡，雖然，在這些人脈關係裡面有許多人可能已經失散多年了，但是我們千萬不要忽略這份情感，只要重新加以整理，你將會發現原來自已所認識的人還真不少呢！建議你現在就提起筆來找出所有的資料，將曾經認識的人一一地寫下來，編輯成冊吧！

當你走進一個典型的商會活動時，你基本上每次都會見到同一個畫面。大多數參加者都坐在吧台旁或在冷盤桌前逡巡，他們喝一點酒，吃上點東西，彼此說著話，而且他們絕對不是在做生意，這基本上是個派對。可能某些方面更像個不錯的穀倉舞會，不過那不是在建立準客戶網絡，但是許多人都把這種活動美其名曰建立網絡。他們相信他們正在做生意，因為他們處身於這個正常營業時間後的活動，至於那兒任何一個人做的最有生產力的事就是每隔一會兒結識一些他們不認識的人並且交換名片，並非不尊重，這也太……煞有介事！

有時，出於純粹的運氣，會有一些生意發生。一個人可能碰巧需要另一個人銷售的東西。不過發生這種情況的機會實在太少，而且做成的機率也遠非理想。另外，在那兒尋找生意的人基本上把其他每個人都視為一個新準客戶。不同之處在於你把每一個人看作250個新準客戶。所以，你如何把這些普通的社交活動變成網絡建構活動並為你的工作服務呢？再一次，請記住，你感興趣的不只是和這些人做生意，而且還要對他們中的每一個人所具有的250個影響範圍感興趣。

◆利用好你自己的二五〇條關係

你會發現我們在研究潛在客戶的時候總是先把朋友列出來，是朋友和潛在客戶有必然的關聯嗎？不是這樣的。對於一個從事推銷工作的人來說，什麼是朋友呢？你以前的同事、同學、在聚會或者俱樂部認識的人都是你的朋友，換句話說，凡是你認識的人，不管他們是否認識你，這些人都是你的朋友。

如果你確信你所推銷的產品是他們需要的，為什麼你不去和他們聯繫呢？而且他們大多數都沒有時間限制，非工作時間都可以進行洽談。向朋友或親戚銷售，多半不會被拒絕，而被拒絕正是新手的恐懼。他們喜歡你，相信你，希望你成功，他們總是很願意幫你。嘗試向他們推薦你所確信的優秀產品，他們將積極地回應，並成為你最好的客戶。

與他們聯繫，告訴他們，你已經開始了一項新職業或開創了新企業，你希望他們共享你的喜悅。如果你每一天都這麼做，他們會為你高興，並希望知道更詳細的資訊。

如果你的親戚朋友不會成為你的客戶，也要與他們聯繫。因為尋找潛在客戶的第一條規律是：不要假設某人不能幫助你建立商業關係。他們自己也許不是潛在客戶，但是他們也許認識將成為你客戶的人，不要害怕要求別人推薦。取得他們的同意，以及與你分享你的新產品、新服務和新構思時的關鍵語句是：「因為我欣賞你的判斷力，我希望聽聽你的觀點。」這句話一定會使對方覺得自己重要，並願意幫助你。

與最親密的朋友聯繫之後，由他們再聯繫到他們的朋友。如果方法正確，多數人將不僅會給你提出恰當的問題，他們或許還有可能談到一個大客戶呢。

你也可以借助專業人士的幫助。

剛剛邁入一個新的行業，很多事情你根本無法下手，你需要能夠給予你經驗的人，並且從他們那兒獲得建議，這對你的幫助會非常大，我們不妨叫他為導師吧。導師就是這樣一種人，他比你有經驗，對你所做的感興趣，並願意指導你的行動。導師願意幫助面臨困難的人，幫助別人從自己的經驗中獲得知識。

多數企業將新手與富有經驗的老手組成一組，共同工作，讓老手培訓新手一段時期。這種企業導師制度在全世界運作良好。透過這種制度，企業老手的知識和經驗獲得認同，同時有助於培訓新手。

當然你還可以委託廣告代理企業或者其他企業為你尋找客戶。代理商多種多樣，他們可以提供很多種服務，你要根據你的實力和需要尋求合適的代理商。

擁有感恩的心，與家人分享成功

原一平說，人的成長離不開家人的支持。只有取得家人的支持，你的工作才能更上一層樓。

◆家是你永遠的港灣

原一平把他的成功歸根於他的太太久惠。

他認為，推銷工作是夫妻共同的事業。所以每當有了一點成績，他總會打電話給久惠，向她報喜。

「是久惠嗎？我是一平啊！向你報告一個好消息，剛才某先生投保了1000萬，已經簽約了。」

「哦，太好了。」

「是啊，這都是你的功勞，應該好好謝謝你啊。」

「你真會開玩笑，哪有人向自己的太太道謝的？」

「我還得去訪問另外一位先生，有關今天投保的詳細情形，晚上再聊，再見。」學會分享成功的果實，是取得家人支持的一個妙方。

只是花了打一通電話的錢，就能把夫妻的兩顆心緊緊地繫在一起，這是任何人都做得到的事，只是看你有沒有去做罷了。

◆沒有家人的支持你不會真正成功

原一平還認為，目前從事壽險行銷的女性，雖然業績不錯，但難以取得先生的諒解與合作的原因在於未能與先生共享快樂。

有人問原一平：

「像你這樣拚命地工作，人生還有樂趣嗎？」

其實原一平是天下最快樂的人，他不但在工作之中找到人生的樂趣，而且真正贏得了家庭的幸福。

無論從事何種行業，必須重視家庭，必須以家庭為事業發展的起點。

取得家人的支持，還有一點就是努力改善家人的生活素質。

經過你的努力付出，取得豐碩的成果，與家人一同分享，並與他們一齊成長。有了家人的全力支持，還有什麼難事呢？

◆原一平的智慧結晶

原一平被稱為「推銷之神」，一定有理由，他的智慧、結晶一定能讓人收穫很多。

（1）對於積極奮鬥的人來說，天下沒有不可能的事。
（2）應該使準客戶感到，和你認識是非常榮幸的。
（3）越是難纏的客戶，他的購買力也越強。
（4）推銷成功以後，要使這個客戶成為你的朋友。
（5）光明的未來從今天開始。
（6）「好運」光顧不懈努力的人。
（7）每一個準客戶都有一攻就垮的弱點。
（8）當你找不到路的時候，就自己去開闢一條。
（9）不斷認識新朋友，這是成功的基石。
（10）過分的謹慎不能成就大業。
（11）成功者不但要有希望，而且還要有明確的目標。

（12）推銷的成敗，和事前準備花的功夫成正比。
（13）只有不斷找尋機會，才能及時把握機會。
（14）世事多變化，準客戶的情況也一樣。
（15）不要躲避你厭惡的人。
（16）只要所說的話有益於別人，都將到處受歡迎。
（17）忘掉失敗，但是要牢記從失敗中得到的教訓。
（18）失敗是邁向成功繳納的學費。
（19）只有完全氣餒，才是失敗。
（20）未失敗過的人，也未成功過。
（21）昨晚多幾分準備，今天少幾分的麻煩。
（22）好的開始是成功的一半。
（23）若要使收入增加，就得有更多的準客戶。
（24）言論只會顯示出說話者的水準而已。
（25）若要糾正自己的缺點，先要知道缺點在哪裡。
（26）增加知識是一項最好的投資。
（27）若要成功，除了努力和堅持，還要有機遇。
（28）錯過的機會不會再來。

第2章

喬．吉拉德的銷售技巧

喬吉拉德他是一個曾經創下四項世界紀錄的汽車銷售員。一九九一年的金氏世界紀錄年鑑都還記載著，喬吉拉德一生的零售銷售總紀錄是一萬三千零一輛；而且每月最高銷售紀錄174輛，連續12年平均每日售出6輛車。在象徵汽車業最高榮譽的美國底特律汽車名人堂裡，200餘位汽車工業先驅或主導汽車發展的精英列名其中，像是福特汽車創辦人亨利福特、本田汽車創辦人本田宗一郎，而喬吉拉德是唯一列名其中的汽車業務員。

讓產品成為你的愛人

喬．吉拉德說，我們推銷的產品就像武器，如果武器不好使，還沒開始我們就已經輸了一部分了。努力提高產品的品質，認真塑造產品的形象，培養自己和產品的感情，愛上推銷的產品，我們的推銷之路一定會順利很多。

◆精通你的產品，為完美推銷做準備

客戶最希望銷售人員能夠提供有關產品的全套知識與資訊，讓客戶完全瞭解產品的特徵與效用。倘若銷售人員一問三不知，很難在客戶中建立信任感。應該先充實自己，多閱讀資料，並參考相關資訊。做一位產品專家，才能贏得顧客的信任。假設您所銷售的是汽車，您不能只說這個型號的汽車可真是好貨；您還最好能在顧客問起時說出：這種汽車發動機的優勢在哪裡，這種汽車的油耗情況，和這種汽車的維修、保養費用，以及和同類車比它

的優勢是什麼，等等。

多瞭解產品知識很有必要，產品知識是建立熱忱的兩大因素之一。若想成為傑出的銷售高手，工作熱忱是不可或缺的條件。吉拉德告訴我們，一定要熟知你所銷售的產品的知識，才能對你自己的銷售工作產生真切的工作熱忱。能用一大堆事實證明做後盾，是一名銷售人員成功的信號。要激發高度的銷售熱情，你一定要變成自己產品忠誠的擁護者。如果您用過產品而滿意的話，自然會有高度的銷售熱情，不相信自己的產品而銷售的人，只會給人一種隔靴搔癢的感受，想打動客戶的心，就很難了。

我們需要產品知識來增加勇氣。許多剛出道不久的銷售人員，甚至已有多年經驗的業務代表，都會擔心顧客提出他們不能回答的問題。對產品知識知道得越多，工作時底氣越足。

產品知識會使我們更像專家。

產品知識會使我們在與專家對談的時候，能更有信心。尤其在我們與採購人員、工程師、會計師及其他專業人員談生意的時候，更能證明充分瞭解產品知識的必要。可口可樂公司曾詢問過幾個較大的客戶，請他們列出優良銷售人員最傑出的素質。得到的最多回答是：「具有完備的產品知識。」

你對產品懂得越多，就越會明白產品對使用者來說有什麼好處，也就越能用有效的方式為顧客作說明。

此外，產品知識可以增加你的競爭力。假如你不把產品的種種好處陳述給顧客聽，你如何能激發起顧客的購買欲望呢？瞭解產品越多，就越能無所懼怕。產品知識能讓你更容易贏得顧客的信任。

◆對產品充滿信心

推銷人員給顧客推銷的是本公司的產品或服務，那麼你應該明白產品或服務就是把你與顧客聯繫在一起的紐帶。你要讓顧客購買你所推銷的產品，首先你應該對自己的產品充滿信心，否則就不能發現產品的優點，在推銷時就不能理直氣壯；而當顧客對這些產品提出意見時，就不能找出充分的理由說服顧客，也就很難打動顧客的心。這樣一來，整個推銷活動難免成為一句空話了。

如何對你的產品有信心？吉拉德告訴我們以下幾種有效的方法。

首先要熟悉和喜歡你所推銷的產品。

如果你對所推銷的產品並不十分熟悉，只瞭解一些表面的淺顯的情況，缺乏深入的、廣泛的瞭解，就會影響到你對推銷本企業產品的信心。在推銷活動中，顧客多提幾個問題，就把你「問」住了，許多顧客往往因為得不到滿意的回答而打消了購買的念頭，結果因對產品解釋不清或宣傳不力而影響了推銷業績。更嚴重的問題是，時間一長，不少推銷人員會有意無意地把影響業績的原因歸罪於產品本身，從而對所推銷的產品漸漸失去信心。

心理學認為，人在自我知覺時，有一種無意識的自我防禦機制，會處處為自己辯解。因此，為消除自我意識在日常推銷中的負面影響，對本企業產品建立起充分的信心，推銷人員應充分瞭解產品的情況，掌握關於產品的豐富知識。只有當你全面地掌握了所推銷產品的情況和知識，才能對說服顧客增加把握，增強自信心。

在熟知產品情況的基礎上，你還需喜愛自己所推銷的產品。喜愛是一種積極的心理傾向和態度傾向，能夠激發人的熱情，產生積極的行動，有利於增強人們對所喜愛事物的信心。推銷人員要喜愛本企業的產品，就應逐步培養對本企業產品的興趣。推銷人員不可能一下子對企業的產品感興趣，因為興趣不是與生俱來的，是後天培養起來的，但作為一種職業要求和實現推銷目標的需要，推銷人員應當自覺地、有意識地逐步培養自己對本企業產品的興趣，力求對所推銷的產品做到喜愛和相信。

其次要關注客戶需求、推動產品的改進。

任何企業的產品都處在一個需要不斷改進和更新的過程之中。因此，推銷人員所相信的產品，也應該是一種不斷完善和發展的產品。產品改進的動力來自於市場和客戶，推銷人員是距離市場和客戶最近的人，他們可以把客戶意見以及市場競爭的形勢及時回饋給生產部門，還可將客戶要求進行綜合歸納後，形成產品改進的建設性方案提交企業領導。這樣，改進後或新推出的產品不僅更加優良、先進和適應市場需要，而且凝結著推銷人員的勞動和智慧，他們就能更加充滿信心地去推銷這些產品。

最後還要相信自己所推銷的產品的價格具有競爭力。

由於顧客在心理上總認為推銷人員會故意要高價，因而總會說價格太高，希望推銷人員降價出售。這時，推銷人員必須堅信自己的產品價格的合理性。雖然自己的要價中包含著準備在討價還價中讓給顧客的部分，但也絕不能輕易讓價；否則，會給人留下隨意定價的印象。尤其當顧客用其他同類產品的較低價格做比較來要求降價時，推銷人員必須堅定信念，堅持一分錢一分貨，只有這樣，才有說服顧客購買的信心和勇氣。當然，相信自己推銷的產品，前提是對該產品有充分的瞭解，既要瞭解產品的品質，又要瞭解產品的成本。對於那些品質值得懷疑，或者那些自己也認為對方不需要的產品，不要向顧客推銷。

◆產品至上，認真塑造產品形象

塑造形象的意識是整個現代推銷意識的核心。良好的形象和信譽，是企業一筆無形資產和無價之寶，對於推銷員來說，在客戶面前最重要的是珍惜信譽、重視形象的經營思想。

國內外許多推銷界的權威人士提出，推銷工作蘊含的另一個重要目的，除了「買我」之外，還要「愛我」，即塑造良好的公眾形象。在這裡有一點需要說明，那就是樹立的形象必須是真實的，公眾形象要求以優質的產品、優良的服務以及推銷員的言行舉止為基礎，虛假編造出來的形象也許可能會存在於一時，但不可能長久存在。

具有強烈的塑造形象意識的推銷員，清醒地懂得用戶的評價和回饋對於自身工作的極端重要性，他們會時時刻刻像保護眼睛一樣維護自己的聲譽。喬・吉拉德曾講過這樣一個案例。

有人曾經說過，如果可口可樂公司遍及世界各地的工廠在一夜之間被大火燒光，那麼第二天的頭條新聞將是「各國銀行巨頭爭先恐後地向這家公司貸款」，這是因為，人們相信可口可樂不會輕易放棄「世界第一飲料」的形象和聲譽。這家公司在紅色背景前簡簡單單寫上八個英文字母 CocaCola 的鮮明生動的標記，透過公司宣傳推銷工作的長期努力已經得到了全世界消費者認可，他們的形象早已深入各界人士的腦海裡，一旦具備了相應的購買條件，他們尋找的飲料必是可口可樂無疑。

對於任何工商企業的推銷員而言，確立塑造形象的意識是籌劃一切推銷活動的前提與基礎。只有明確認識良好的形象是一種無形的財富和取用不盡的資源，是企業和產品躋身市場的「護身符」，才能卓有成效地開展各種類型的宣傳推廣活動。

在我們身邊，就有活生生的例子。

比如生產「青春寶」聞名海內外的杭州第二中藥廠，建廠20多年來勇創新路，推銷招數迭出，在市場上聲譽鵲起，產品暢銷30多個國家和地區，走出了一條從創名牌產品到創名牌企業的成功之路，往常人們有句口頭禪，叫做「上有天堂，下有蘇杭」，到了杭州而不遊西湖，就算不上到過杭州。

可在80年代，一些海內外客商更新了這種說法：到了杭州而不到中藥二廠，就不能真正認識今天的杭州。這正是因為該廠十分重視產品宣傳的結果。

有位兒童用品推銷員介紹他採用產品接近法推銷一種新型鋁製輕便嬰兒車的前後經過，非常有趣：

我走進一家商場的營業部，發現這是在我所見過百貨商店裡最大的一個營業部，經營規模可觀，各類童車一應俱全。我在一本工商業名錄裡找到商場負責人的名字，當我向女店員打聽負責人工作地點時，進一步核實了他的尊姓大名，女店員說他在後面辦公室裡，於是我來到那間小小的辦公室，剛進去，他就問：「喂，有何貴幹？」我不動聲色地把輕便嬰兒車遞給他。他又說：「什麼價錢？」我就把一份內容詳細的價目表放在他的面前，他說：「送60輛來，全要藍色的。」我問他：「您不想聽聽產品介紹嗎？」他回答說：「這件產品和價目表已經告訴我所需要瞭解的全部情況，這正是我所喜歡的購買方式。請隨時再來，和您做生意，實在痛快！」

喬·吉拉德說，只有讓產品先接近顧客，讓產品作無聲的介紹，讓產品默默在推銷自己，這是產品接近法的最大優點。例如，服裝和珠寶飾物推銷員可以一言不發地把產品送到顧客的手中，顧客自然會看看貨物，一旦顧客發生興趣，開口講話，接近的目的便達到了。

精心的準備銷售工具

如果讓我說出我發展生意的最好辦法，那麼，我這個工具箱裡的東西可能不會讓你吃驚，我會隨時為銷售做好各種準備工作。

◆善用名片，把自己介紹給周圍的每一個人

金牌推銷員吉拉德喜歡去運動場上觀看比賽，當萬眾歡騰時，他就大把大把地拋出自己的名片。在觀看橄欖球比賽時，當人們手舞足蹈、搖旗吶喊、歡呼雀躍、忘乎所以的時候，吉拉德同樣興奮不已，只不過他同時還要拋出一疊疊的名片。

吉拉德認為：「我把名片放在一個紙袋裡，隨時準備拋出去。也許有人以為我是在體育場上亂扔紙屑，製造名片垃圾。但是，只要這幾百張名片中有一張到了一個需要汽車的人的手中，或者他認識一個需要汽車的人，那麼我就可以做成一單生意，賺到足夠的現金，

拋出些名片我也算划得來了和打電話一樣，扔名片也可以製造推銷機會。你應該知道，我的這種做法是一種有效的方法，我撒出自己的名片，也撒下了豐收的種子，我製造了紙屑垃圾，也製造了未來的生意。」

也許你會認為吉拉德這種做法很奇怪，但是這種做法確實幫他做成了一些交易。很多買汽車的人對這種行為感興趣，因為扔名片並不是一件平常的事，他們不會忘記這種與眾不同的舉動。

吉拉德能做出撒名片的驚人之舉，到處遞遞名片就更不用說了。他總是設法讓所有與他有過接觸的人都知道他是幹什麼的，推銷什麼東西的，即使是那些賣東西給他的人。甚至在餐館付帳時，他也把名片附在帳款中。假如一餐飯的帳單是20美元，一般人支付15％的小費是3美元，吉拉德常會留下4美元，並且附上他的名片，對所有的侍者，吉拉德都採用這種方式。

讓與你接觸的人知道你是幹什麼的，你賣的是什麼東西，名片就成了最好的工具，好好利用名片會為你創造許多推銷的機會。

◆在推銷之前準備好道具很有必要

下面是「CFB」公司總裁柯林頓．比洛普的一段創業經歷：

在柯林頓事業的初創期，也就是他二十來歲的時候，便擁有了一家小型的廣告與公關公司。為了多賺一點錢，他同時也為康乃狄克州西哈福市的商會推銷會員證。

在一次特別的拜會中，他會晤了一家小布店的老闆。這位工作勤奮的小老闆是土耳其的第一代移民，他的店鋪離那條分隔哈福市與西哈福市的街道只有幾步路的距離。

「你聽著，年輕人。」他以濃厚的口音對柯林頓說道：「西哈福市商會甚至不知道有我這個人。我的店在商業區的邊緣地帶，沒有人會在乎我。」

「不，先生，」柯林頓繼續說服他：「你是相當重要的企業人士，我們當然在乎你。」

「我不相信，」他堅持己見：「如果你能夠提出一丁點兒證據反駁我對西哈福商會所下的結論，那麼我就加入你們的商會。」

柯林頓注視著他說：「先生，我非常樂意為你做這件事，」然後他拿出了準備好的一個大信封。

柯林頓將這個大信封放在小布店老闆的展臺上，開始重複一遍先前與小老闆討論過的話題。在這期間，小布店老闆的目光始終注視著那個信封袋，滿腹狐疑地不知道裡面到底是什麼。

最後，小布店老闆終於無法再忍受下去了，便開口問道：「年輕人，那個信封裡到底裝了什麼？」

柯林頓將手伸進信封，取出了一塊大型的金屬牌。商會早已做好了這塊牌子，用於掛在每一個重要的十字路口上，以標示西哈福商業區的範圍。柯林頓帶領他來到窗口說：「這塊牌子將掛在這個十字路口上，這樣一來客人就會知道他們是在這個一流的西哈福區內購物。這便是商會讓人們知道你在西哈福區內的方法。」

一抹蒼白的笑容浮現在小布店老闆的臉上。柯林頓說：「好了，現在我已經結束了我的討價還價了，你也可以將支票簿拿出來結束我們這場交易了。」小布店老闆便在支票上寫下了商會會員的入會費。

透過這次經歷，柯林頓瞭解到，做推銷拜訪時帶著道具，是一種吸引潛在主顧目光的有效方式。你可以想像，當某人帶著一個包裝精美的東西走進你的辦公室時，受訪人會如何反應呢？

許多時候，前來辦事處訪問的推銷員，許多是忘了帶打火機，好在有的會客室中經常備有打火機，使場面不至於尷尬，假定這些人跑到沒有預備打火機的公司去拜訪，將會留給客戶一個什麼樣的印象呢？經常會出現這樣一些笑話：那是一位在大熱天來訪的推銷員，因為忘了攜帶手帕，臉上出了大把汗也無法擦拭，有一個女職員看不過去，就遞了手巾給他，使得這個推銷員慚愧得半天說不出話來。另外有一個推銷員，當要告辭時嘴裡面像蚊子叫似的不好意思地說：「對不起，是不是可以借我一點錢搭車回去？」一邊說著，一邊難為情地面紅耳赤。

這些推銷員好像頭腦的構造有點問題，讓人不禁為雇用他們的老闆叫屈。

甚至於有一些不見棺材不落淚的推銷員，連最重要的東西都忘了，譬如價格表、契約書、訂貨單、公司或自己的名片、貨品的說明書……

有些為商討圖樣而來的推銷員，甚至把圖樣都忘在公司裡；某些推銷員在成交的階段粗心大意地忘了帶訂貨單；又有的推銷員在前去說明並示範機器時，忘記攜帶樣本或說明書。這樣子無疑是不持武器而去跟一個裝備齊全的老兵交手，怎麼會有勝利的希望呢？如果你是初次去拜訪，也是同樣的道理，切不可以為是頭一次去，兩袖清風亦無妨，反而必須充分準備、確切檢視才好。

初次見面的人，不知道對方人品、談話習慣、要求是什麼，最好預先打一通電話溝通一下意見，約好了時間地點再去訪問。倘若在客戶向你徵求什麼事或什麼對象時，你如此回答：「啊！對不起，今天沒帶來，這樣好了，我立刻給你送來好不好？」那麼客戶也許就因為你預備不充分，以此作為拒絕的理由。或許你辯稱：「對於普通的客戶，初次會面時，不至於談得這麼詳細。」那你就錯了。這句話的前提是「到昨天為止，我所碰到的客戶，都是……」但今天以及今後的客戶，你能擔保他們的情形和從前一樣嗎？

◆拜訪客戶前做好一切準備

推銷前要先做好物質準備。

物質準備工作做得好，可以讓顧客感到推銷人員的誠意，可以幫助推銷人員樹立良好的洽談形象，形成友好、和諧、寬鬆的洽談氣氛。

物質方面的準備，首先是推銷人員自己的儀表準備，應當以整潔大方、乾淨俐落、莊重有氣質的儀表給顧客留下其道德品質、工作作風、生活情調等方面良好的第一印象。其次，推銷人員應根據訪問目的的不同準備隨身必備的物品，通常有客戶的資料、樣品、價目表、示範器材、發票、印鑑、合約、筆記本、筆等。

物質準備應當認真仔細，不能丟三落四，以防訪問中因此而誤事或給顧客留下不好的印象。行裝不要過於累贅。風塵僕僕的模樣會給人留下「過路人」的印象，這也會影響洽談的效果。

除做好物質準備外，還要做好情報準備。

一位傑出的壽險業務員，不但是一位好的調查員，還必須是一個優秀的社會工作者。在這個世界上，每一個人都渴望他人的關懷，當你帶上評估客戶的資料去關懷他時，對方肯定會歡迎你的，這樣你做業務就容易多了。

喬·吉拉德說：「不論你推銷的是什麼東西，最有效的辦法就是讓顧客相信——真心相信——你喜歡他、關心他。」如果顧客對你抱有好感，你成交的希望就增加了。要使顧客相信你喜歡他、關心他，那你就必須瞭解顧客，搜集顧客的各種有關資料。

最後，吉拉德中肯地指出：「如果你想要把東西賣給某人，你就應該盡自己的力量去收集他與你生意有關的情報……不論你推銷的是什麼東西。」

如果你每天肯花一點時間來瞭解自己的顧客，做好準備，鋪平道路，那麼你就不愁沒有自己的顧客。

推銷如戰鬥，推銷的積極備戰不僅需要物質準備，還需要資訊情報的準備。在正式推銷之前，推銷人員必須盡可能多地搜集有關推銷對象的各種資訊情報做到心中有數，包括關於顧客個人的資訊，如顧客的家庭狀況、愛好以及在企業中的位置等；關於顧客所在企業的資訊，如企業規模、經營範圍、銷售對象、購買量、追求的利潤率、企業聲譽、購買決策方式以及選擇供應商的要求等，做好準備再出發，受益最多的一定是你。

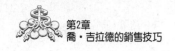

記錄與客戶交流資訊

喬．吉拉德告訴我們，推銷人員應該將當天的訪問工作進行記錄，這對以後的工作會有很大的幫助。

◆做好客戶訪問記錄十分重要

1952年，後來有著「世界首席推銷員」之稱的齊藤竹之助進入日本朝日生命保險公司，從事壽險工作。1965年，他創下了簽訂保險合約世界最高紀錄。他一生完成了近5000份保險合約，成為日本首席推銷員。他推銷的金額高達12．26億日圓，作為亞洲代表，連續四年出席美國百萬圓桌會議，並被該會認定為百萬圓桌俱樂部終身會員。

那麼，齊藤竹之助是如何做到這一切的呢？

他說：「無論在什麼時候，我都在口袋裡裝有記錄用紙和筆記本。在打電話、商談、聽演講或是讀書時，身邊備有記錄用紙，使用起來是很方便的。一邊打電話，一邊可以把對方重要的話記錄下來。商談時在紙上寫出具體事例和數字轉交給客戶看。」

齊藤竹之助在自己家中到處放置了記錄用紙，包括電視機前、床頭、廁所等地方，使自己無論在何時何處，只要腦海裡浮現出好主意、好計畫，就能立刻把它記下來。

喬．吉拉德也指出，當推銷人員訪問了一個客戶，應記下他的姓名、地址、電話號碼，等等，並整理成檔案，予以保存。同時對於自己工作中的優點與不足，也應該詳細地進行整理。這樣每天堅持下去，在以後的推銷過程中會避免許多令人難堪的場面。

拿記住別人的姓名這一點來說，一般人對自己的名字比對其他人的名字要感興趣，但是推銷人員如果能記住客戶的名字，並且很輕易就叫出來，等於給予別人一個巧妙而有效的讚美。

這種記錄還能將你的思想集中起來，專一應用在商品交易上。這樣一來，那些不必要的煩惱，就會從你大腦中消失。另外，這種記錄工作還可以幫助你提高推銷方面的專業知識水準。喬．吉拉德在一次講座中講過下面這個案例。

傑克一直在向一位顧客推銷一台壓板機，並希望對方訂貨。然而顧客卻無動於衷，他接二連三地向顧客介紹了機器的各種優點。同時，他還向顧客提出：到目前為止，交貨期一直定為六個月；從明年一月份起，交貨期將設為十二個月。顧客告訴傑克，他自己不能馬上做決定；並告訴傑克，下個月再來見他。到了一月份，傑克又去拜訪他的客戶，傑克把過去曾提過的交貨期忘得一乾二淨。當顧客再次向他詢問交貨期時，他仍說是六個月，傑克在交貨期問題上顛三倒四。忽然，傑克想起他在一本有關推銷的書上看到的一條妙計，在背水一戰的情況下，應在推銷的最後階段向顧客提供最優惠的價格條件，因為只有這樣才能促成交易。於是他向顧客建議，只要馬上訂貨，可以降價百分之十。而上次磋商時，他說過削價的最大限度為百分之五，顧客聽他現在又這麼一說，一氣之下終止了洽談，傑克無可奈何，只好掃興而歸。從這個事例裡，我們能得出一個什麼樣的結論呢？

如果傑克在第一次拜訪後有很好的訪問記錄；如果他不是因為交貨期和削價等問題的顛三倒四；又如果他能在第二次拜訪之前，回想一下上次拜訪的經過，做好準備，那麼第二次的洽談也許會有成功的機會，因為這樣可以減少一些不必要的麻煩。

喬·吉拉德告訴我們，客戶訪問記錄應該包括顧客特別感興趣的問題及顧客提出的反對意見。有了這些記錄，才能讓你的談話前後一致，更好地進行以後的拜訪工作。

推銷人員在推銷過程中一定要做好每天的客戶訪問記錄，特別是對那些已經有購買意向的客戶，更要有詳細的記錄，這樣當你再次拜訪客戶的時候，就不會發生與傑克同樣的情況了。

◆仔細研究顧客購買記錄

透過顧客購買記錄能為顧客提供更全面的服務，同時，還可以加大顧客的購買力度；提高推銷數量。在這一方面，華登書店做得非常好，他們充分利用顧客購買記錄來進行多種合作性推銷，取得了顯著效果。最簡單的方法是按照顧客興趣，寄發最新的相關書籍的書目。華登書店把書目按類別寄給曾經購買相關書籍的顧客，這類寄給個別讀者的書訊，實際上也相當於折價券。

這項推銷活動是否旨在鼓勵顧客大量購買以獲得折扣呢？只對了一半。除了鼓勵購買之外，這也是一項目標明確、精心設計的合作性推銷活動，引導顧客利用本身提供給書店的資訊，滿足其個人需要，找到自己感興趣的書。活動成功的關鍵在於邀請個別顧客積極參與，告訴書店自己感興趣和最近開始感興趣的圖書類別。

華登書店還向會員收取小額的年費，並提供更多的服務，大部分顧客也都認為花這點錢成為會員是十分有利的。顧客為什麼願意加入呢？基本上，繳費加入「愛書人俱樂部」，就表示同意書店幫助買更多的書給自己，但顧客並不會將之視為敵對性的推銷，而是合作性的推銷。

無論如何，這裡要說明的是，任何推銷員如果要以明確的方式與個別顧客合作，最重要的就是取得顧客的回饋，以及有關顧客個人需求的一切資料。

擁有越多顧客的購買記錄，也就越容易創造和顧客合作的機會，進而為顧客提供滿意的服務。

推銷員要養成記錄的習慣，把有用資料和靈光一現的想法及時記錄下來，經過長期積累就會發現這些記錄是一筆寶貴的財富。

使用氣味來吸引顧客

喬．吉拉德說，推銷牛排時最好讓顧客聽到滋啦聲，賣蛋糕時要讓蛋糕的香味四溢。銷售中只有發現最能吸引顧客的賣點，你的推銷才能成功。如果你要出售汽車，就要讓他去車上坐一坐，試開一下。

◆從滿足顧客需求出發介紹商品

喬．吉拉德在《將任何東西賣給任何人》一書中有下面一段表述：

說這句話的人連自己的感覺都不明白。我絕不會忘記我一生中許多讓我激動的第一次。我還記得我第一次拿起新電鑽的情景。那電鑽不是我的，而是鄰居的一個小夥伴得到的聖誕禮物。他打開禮物包裝時我在旁邊，那是一把嶄新的電鑽。我接過電鑽插上電源，不停地到處鑽眼。我還記得自己第一次坐進新車的感覺。那時我已經長大了，但以前坐的都是舊車，座椅套都有酸臭味了。後來一個鄰居在戰後買了輛新車，他買回來的第一天我就坐了進去。我絕不會忘記那輛新車的氣味。

如果你賣其他的東西，情況就完全不一樣了。如果你賣人壽保險，你就無法讓顧客聞或試試，但只要是能動能摸的東西，你就應該讓顧客試一下。在向男士們銷售羊毛外套時，有哪位銷售員不讓顧客先摸摸呢？

所以一定要讓顧客坐上車試一下，我一向這麼做，這會使他產生擁有該車的欲望。即使沒成交，以後當他又想買這輛車時，我還可以試著說服他。當我讓男顧客試車時，我一句話都不說，我讓他們試駕一圈。有專家說過，這時候正應該向他介紹汽車的各種特點，但我不信。我發現自己說的話越少，他就對車聞和摸得越多——並會開口說話。我就希望他開口說話，因為我想知道他喜歡什麼不喜歡什麼。我希望他透過介紹自己的工作單位、家庭及住址等幫助我瞭解他的經濟狀況。當你坐在副座上時，顧客通常會把一切有關情況都講給你聽，這樣你向他銷售和為他申請貸款所需的情況就都有了。因此，讓他駕車是一件必須做的事。

人們愛試試新東西的功能、摸摸它及把玩把玩。還記得廠家在加油站做的減震器示範（你先拉舊減震器的把手，然後又拉新減震器的把手）嗎？我相信你們大都體驗過。我們都有好奇心。不論你賣什麼，你都要想辦法示範你的產品，重要的是要確保潛在顧客參加產品的示範。如果你能將產品的功能訴諸人們的感官，那你也在將其訴諸人們的情感。我認為，人們購買大部分商品是由於情感而不是邏輯的原因。

一旦顧客坐上駕駛座，他十有八九要問往哪兒開，我總是告訴他可以隨便開。如果他家在附近，我可能建議從他家門口繞一圈，這樣他可以讓他妻子和孩子看到這輛車，如果有幾位鄰居正站在門廊上，他們也能看到這輛車。我希望他讓大家看到他開著新車，因為我希望他感覺好像已經買了這輛車而正在展示給大家看，這會有助於他下定買車的決心，因為他可能不希望回家後告訴家人自己沒有買這輛車。我不想引顧客過分上鉤——僅僅一點點。

我不想讓顧客試車時開得太遠，因為我的時間很寶貴。試車人一般都自認為已開得太遠了，雖然事實上並不太遠，所以我會讓顧客隨意開，如果他認為自己開得有點遠了，這也會使他感激我。

每一樣產品都有它的獨特之處，以及和其他同類產品不同的地方，這便是它的特徵。產品特徵包括一些明顯的內容，如尺碼和顏色・或一些不太明顯的，如原料。從顧客最感興趣的方面出發來介紹產品，才能吸引顧客的注意力。

產品的特徵可以讓顧客把你推薦的產品從競爭對手的產品或製造商的其他型號中分辨出來。一位器具生產商可能會提供幾個不同款式的冰箱，而每個款式都有些不同的特徵。

推銷傢俱時，鼓勵顧客親身體驗。請他們用手觸摸傢俱表面的纖維或木料，坐到椅子上或到床上躺一會。用餐桌布、食具和玻璃器皿佈置桌面；整理床鋪後，旋轉兩個有特色的睡枕；安樂椅旁的桌子上，擺放一座檯燈和一些讀物。給顧客展示如何從沙發床拖拉出床褥，也可請顧客坐到臥椅上，嘗試調整它的斜度。

推銷化妝品和浴室用品時，提供一些小巧的樣品給顧客拿回家用；開啟並註明哪些是可試用的產品樣本；建議顧客改用你的產品；把沐浴露或沐浴泡沫放進一盆溫水中，讓顧客觸摸它的質感或嗅嗅它的香氣。

推銷有關食物的東西時，向顧客展示怎樣使用某種材料或烹調一種食品。派發食譜，陳列幾款建議的菜餚，並讓顧客現場品嘗。建議如何把某種食品搭配其他菜式，例如，做一頓與眾不同的假日大餐，又或將它製成適合野餐或其他戶外活動享用的食物。

◆找到顧客購買的誘因

曾經有一位房地產推銷員，帶一對夫妻進入一座房子的院子時，太太發現這房子的後院有一棵非常漂亮的木棉樹，而推銷員注意到這位太太很興奮地告訴她的丈夫：「你看，院子裡的這棵木棉樹真漂亮。」當這對夫妻進入房子的客廳時，他們顯然對這間客廳陳舊的地板有些不太滿意，這時，推銷員就對他們說：「是啊，這間客廳的地板是有些陳舊，但你知道嗎？這幢房子的最大優點就是當你從這間客廳向窗外望去時，可以看到那棵非常漂亮的木棉樹。」

當這對夫妻走到廚房時，太太抱怨這間廚房的設備陳舊，而這個推銷員接著又說：「是啊，但是當你在做晚餐的時候，從廚房向窗外望去，就可以看到那棵木棉樹。」當這對夫妻走到其他房間，不論他們如何指出這幢房子的任何缺點，這個推銷員都一直重複地說：「是啊，這幢房子是有許多缺點。但您二位知道嗎？這房子有一個特點是其他房子所沒有的，那就是您從任何一間房間的窗戶向外望去，都可以看到那棵非常美麗的木棉樹。」這個推銷員在整個推銷過程中，一直不斷地強調院子裡那棵美麗的木棉樹，他把這對夫妻所有的注意力都集中在那棵木棉樹上了，當然，這對夫妻最後花了50萬美元買了那棵「木棉樹」。

在推銷過程中，我們所推銷的每種產品以及所遇到的每一個客戶，心中都有一棵「木棉樹」。而我們最重要的工作就是在最短的時間內，找出那棵「木棉樹」，然後將我們所有的注意力放在推銷那棵「木棉樹」上，那麼客戶就自然而然地會減少許多抗拒。

在你接觸一個新客戶時，應該儘快的找出那些不同的購買誘因當中，這位客戶最關心的那一點。最簡單有效地找出客戶主要購買誘因的方法是透過敏銳地觀察以及提出有效的問題。另外一種方法也能有效地幫助我們找出客戶的主要購買誘因。這個方法就是詢問曾經購買過我們產品的老客戶，很誠懇地請問他們：「先生／小姐，請問當初是什麼原因使您願意購買我們的產品？」當你將所有老客戶的主要的一兩項購買誘因找出來後，再加以分析，就能夠很容易地發現他們當初購買產品的那些最重要的利益點是哪些了。

如果你是一個推銷電腦財務軟體的推銷員，必須非常清楚地瞭解客戶為什麼會購買財務軟體，當客戶購買一套財務軟體時，他可能最在乎的並不是這套財務軟體能做出多麼漂亮的圖表，而最主要的目的可能是希望能夠用最有效率和最簡單的方式，得到最精確的財務報告，進而節省更多的開支。所以，當推銷員向客戶介紹軟體時，如果只把注意力放在解說這套財務軟體如何使用，介紹這套財務軟體能夠做出多麼漂亮的圖表，可能對客戶的影響並不大。如果你告訴客戶，只要花1000元買這套財務軟體，可以讓他的公司每個月節省2000元的開支，或者增加2000元的利潤，他就會對這套財務軟體產生興趣。

◆幫助顧客邁出第一步

一家特殊化學製造廠的超級推銷員，在與一位潛在顧客開始第一次會議時，她是這樣進行的：「先生，我們在這種情況的應用方面，有許多成功的經驗，而且在計算出實際金額後，總能帶給顧客很好的投資報酬回收。要不，我們先參觀一下工廠，可以讓你們看看如何組裝產品。第二，我們取得你們產品的樣本；把它們拆開，並且重新組裝，看看有什麼方法可以降低組裝的成本。接下來，我們一起進行一個投資報酬分析，然後一起來計算我們所推薦的解決方案會替您的公司省多少錢；接著，再反過來算一下，如果不用我們所推薦的解決之道，會花您多少錢。

「接下來，我們在您的工廠來測試一下我們的產品。如果這個產品成功，我們可以試做一批限量產品。

「如果這個測試很成功，而且限量產品也達到了您要求的標準，我們再決定第一批全量生產的產品數量及交貨日期。」

當顧客同意「參觀工廠」後，等於顧客心理上已經開始接受你了。邁出關鍵的第一步，然後用良好的服務和優質的產品來吸引顧客直到最後成交，就很簡單了。

喬·吉拉德在最後說：「關於銷售氣味的重要性，我最後還要說一句。在二次大戰剛結束時，新車很少見，於是大批顧客只好買款式新的二手車。當時市場上有一種新產品，二手車經銷商都搶著買。這種新產品是一種液體，供人噴在款式新的二手車的行李廂和車內地板上，它的氣味聞上去就像新車的味道。你知道這氣味的價值，因為你肯定記得你第一次聞到它時的心情，所以絕不要忽視它。當你向人銷售產品時，要回憶你自己作為顧客的體驗，因為我們大家都有許多共同的體驗。如果氣味曾經令你激動，那它也會令其他的人激動。

不論你賣什麼，你的產品中都存在一種類似新車氣味的元素。要把你自己想像成一名顧客。」

抓住顧客心理促成交

推銷是一種針對客戶心理進行說服的藝術，不同的人有不同的購買心理，揣摩顧客的購買心理，運用適當的對策，自然向推銷成功邁進了一大步。這也是喬．吉拉德成功的關鍵之處。

◆善於抓住顧客心理

有一天，一位中年婦女從對面的福特汽車銷售商行，走進了吉拉德的汽車展銷室。她說自己很想買一輛白色的福特車，就像她表姐開的那輛，但是福特車行的經銷商讓她過一個小時之後再去，所以先過來這兒瞧一瞧。

「夫人，歡迎您來看我的車。」吉拉德微笑著說。

婦女興奮地告訴他：「今天是我55歲的生日，想買一輛白色的福特車送給自己作為生日的禮物。」

「夫人，祝您生日快樂！」吉拉德熱情地祝賀道。隨後，他輕聲地向身邊的助手交代了幾句。

吉拉德領著夫人從一輛輛新車面前慢慢走過，邊看邊介紹。在來到一輛雪佛蘭車前時，他說：「夫人，您對白色情有獨鍾，瞧這輛雙門式轎車，也是白色的。」

就在這時，助手走了進來，把一束玫瑰花交給了吉拉德。他把這束漂亮的花送給夫人，再次對她的生日表示祝賀。

那位夫人感動得熱淚盈眶，非常激動地說：「先生，太感謝您了，已經很久沒有人送過禮物給我。剛才那位福特車的推銷商看到我開著一輛舊車，一定以為我買不起新車，所以在我提出要看一看車時，他就推辭說需要出去收一筆錢，我只好上您這兒來等他。現在想一想也不一定非要買福特車不可。」

後來，這位婦女就在吉拉德那兒買了一輛白色的雪佛蘭轎車。

不同人有不同的心理，針對不同的心理要採用相應的不同的方法。

在與推銷員打交道的過程中，顧客的心理活動大體要經歷三個階段：初見推銷員，充滿陌生、戒備和不安，生怕上當，在推銷員的說服下，可能對商品有所瞭解，但仍半信半疑；在最後決定購買時，又對即將交出的鈔票藕斷絲連。

利用顧客心理進行推銷是一項高超的技術。但是，這絕不意味著利用小聰明耍弄顧客。

如果缺乏為顧客服務的誠意，很容易被顧客識破，到頭來「機關算盡太聰明，反誤了卿卿性命」。推銷員的信用等級就可能降為零。

有一個中國商人在敘利亞的阿勒頗辦完事，到一家鐘錶店想為朋友買幾支手錶，恰逢店主不在，店員賠笑道歉：「本人受雇只管修理推銷，店主片刻即回，請稍等。」說完走進櫃檯，在答錄機裡放入一卷錄音帶，店裡立即響起一支優雅的中國樂曲。中國商人本想告辭，忽然聽到這異國他鄉的店鋪傳出的鄉音，不覺駐足細聽。半小時後，主人歸來，生意自然做成了。

這是店員很好的抓住了顧客的思鄉之情才促使順利成交。

還有一個利用顧客的懼怕心理進行有效推銷的例子。這位高明的推銷員是這樣說的：「太太，現在雞蛋都是經過自動選蛋機選出的，大小一樣，非常漂亮，可常常會出現壞蛋。附近有一個小孩，他媽媽不在家，想吃雞蛋，就自己煮了吃，沒想到吃了壞蛋因此中毒，差一點丟了小命……你瞧，這些都是今天剛下的新鮮雞蛋……」

恐懼之餘這位太太買下了這些雞蛋，等推銷員走後，她才想到：「我怎麼知道這些雞蛋是新鮮的呢？」

客戶心理雖然有跡可循，但是推銷員也要認真觀察，仔細把握。才能找出推銷的捷徑。

運用心理戰術的另一個誤區就是不仔細識別顧客的心理特點，對牛彈琴，亂點鴛鴦譜。當顧客一進入你的視線，你就應當迅速判定：他在想什麼？你可以從他的年齡、衣著、行為舉止、職業等方面來揣摩他的心理。譬如：老年顧客往往處於心理上的孤獨期，而中年客戶相對比較理智，年輕人則易衝動，充滿熱情。從職業方面看，企業家多比較自負；經濟管理人士頭腦精明，喜歡擺出一副自信而且內行的樣子；知識份子大多個性強，千萬不要傷害他的自尊心或虛榮心……這些經驗，都要靠推銷員的細心觀察才能得來。

◆從人性出發引誘顧客

利用人們的心理引誘客戶，只要招數得當，距離成功就很近了。

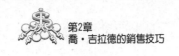

英國作家威廉姆斯創做出版了一本名為《化裝舞會》的兒童讀物，要小讀者根據書中的字和圖畫猜出一件「寶物」的埋藏地點。「寶物」是一隻製作極為精美價格高昂的金質野兔。該書出版後，彷彿一陣旋風，不但數以萬計的青少年兒童，而且各階層的成年人也懷著濃厚的興趣，按自己從書中得到的啟示到英國各地尋寶。這次尋寶歷時兩年多，在英國的土地上留下了無數被挖掘的洞穴。最後，一位48歲的工程師在倫敦西北的淺德福希爾村發現了這隻金兔，一場群眾性探寶的運動才告結束。這時，《化裝舞會》已銷售了200多萬冊。

過了幾年，經過精心策劃和構思，威廉姆斯再出新招，寫了一本僅30頁的小冊，描寫的是一個養蜂者和一年四個季節的變化，並附有16幅精製的彩色圖畫，書中的文字和幻想式的圖畫包含著一個深奧的謎語，那就是該書的書名，此書同時在7個國家發行。這是一本獨特的，沒有書名的書。

要求不同國籍的讀者猜出該書的名字，猜中者可以得到一個鑲著各色寶石的金質蜂王飾物，乃無價之寶。

猜書名的辦法與眾不同，不是用文字寫出來，而是要將自己的意思，透過繪畫、雕塑、歌曲、編織物和烘烤烙瓶的形狀，甚至編入電腦程式的方式暗示書名，威廉姆斯則從讀者寄來的各種實物中悟出所要傳遞的資訊，再將其轉譯成文字。雖然，謎底並不艱澀，細心讀過該小冊子，十之八九可以猜到，但只有最富於想像力的猜謎者才能獲獎。開獎日期定為該書發行一周年之日。屆時，他將從一個密封的匣子裡取出那唯一寫有書名的書，書中就藏著那只價值連城的金蜂飾物。

不到一年，該書已發行數百萬冊，獲獎者是誰還無從知曉，但威廉姆斯本人卻早已成為知名人物了。

威廉姆斯成功的關鍵在於他巧妙地設置了價值連城的「金餌」，既勾起了人們的好奇心，又刺激了人們的發財夢，人為地製造了一場「尋寶熱」，是一個典型引誘推銷的成功例子。然而，這並不是說引誘推銷法只能用於短期促銷，也不是說「誘餌」一定要是「寶物」。事實上，如果方法得當，幾分真誠、幾分關懷，再加上幾分「巧心思」，就能夠引誘顧客成為長期的「忠實追隨者」。

適時拋出「誘餌」，吊吊消費者的胃口，讓他們自願成交，這是推銷的一個很高的境界。

◆攻心為上促成交

一位學者訪問香港時，香港中文大學的一位教授請他到酒店用餐。落座不久，菜和酒就送上來了。「哎——」，學者驚奇地發現送上來的這瓶裝飾精美的洋酒已開封過並且只有半瓶，就問教授，教授笑而不答，只示意他看瓶頸上吊著的一張十分講究的小卡片，上書：××教授惠存。教授見學者仍不解，遂起身拉他來到酒店入口處的精巧的玻璃櫥窗前，只見裡面陳列著各式的高級名酒，有大半瓶的，也有只剩小半瓶的，瓶頸上掛著標有顧客姓名的小卡片。

「這裡保管的都是顧客上次喝剩的酒。」教授解釋道。

酒店怎麼還替顧客保管剩酒？

回到座位上，教授道出了「保管剩酒」的奧秘。原來這是香港酒店業新近推出的一個服務項目，它一面世就受到廣大酒店經營者的青睞。紛紛推出這項新業務。它的成功是有很多原因的。

第一，它有助於不斷開拓經營業務。酒店為顧客保管剩酒後，這些顧客再用餐時，就多半會選擇存有剩酒的酒店，而顧客喝完了剩酒之後，又會要新酒，於是又可能有剩酒需酒店代為保管，下次用餐就又會優先選擇該店……如此循環往復，不斷開拓酒店的生意，吸引顧客成為酒店的固定客戶。

第二，有助於激發顧客的高級消費欲望。試想，稍有身分的顧客，肯定不願讓寫有自己名字的卡片吊在價廉質次的酒瓶上，曝光於眾目睽睽之下。於是，顧客挑選的酒越來越高級，有效地刺激了顧客的消費水準。

第三，有助於提高酒店聲譽。試問，連顧客喝剩的酒都精心保管的酒店，服務水準會低嗎？經營作風難道還不誠實可靠嗎？

保存剩酒使顧客感受到賓至如歸的親切感，顧客光顧酒店的次數自然越來越多。

抓住人性，引誘顧客的銷售方式數不勝數，各有其妙。有獎銷售、附贈禮品、發送贈券、優惠券等，都是引誘推銷法的具體運用，唯一不變的是以「利」、以「情」引誘顧客成為其忠實客戶。

一次，百貨公司的一個推銷經理向一訂貨商推銷一批貨物。

在最後攤牌時，訂貨商說：「你開的價太高，這次就算了吧。」

推銷經理轉身要走時，忽然發現訂貨商腳上的靴子非常漂亮。

推銷經理由衷讚美道：「您穿的這雙靴子真漂亮。」

訂貨商一愣，隨口說了「謝謝」，然後把自己的靴子誇耀了一番。

這時，那個推銷經理反問道：「您為什麼買雙漂亮的靴子，卻不去買庫存零碼鞋呢？！」

訂貨商大笑，最後雙方握手成交。

沒有賣不出去的商品，關鍵是看推銷員推銷技巧的高低。分享客戶的得意之事，往往讓客戶有成就感，這樣更容易拉近彼此的距離，從而達成交易。

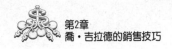

全方位獲取銷售資訊

有備而發，一定攻無不勝。多收集銷售資訊，有百利而無一害。

◆接近顧客前務必多收集資訊

喬．吉拉德曾指出：「如果你想要把東西賣給某人，你就應該盡自己的力量去收集他與你生意有關的情報……不論你推銷的是什麼東西。」

如果你每天肯花一點時間來瞭解自己的顧客，做好準備，鋪平道路，那麼你就不愁沒有自己的顧客。

剛開始工作時，吉拉德把搜集到的顧客資料寫在紙上，塞進抽屜裡。後來，有幾次因為缺乏整理而忘記追蹤某一位準顧客，他開始意識到自己動手建立顧客檔案的重要性。他去文具店買了日記本和一個小小的卡片檔案夾，把原來寫在紙片上的資料全部做成記錄，建立起了他的顧客檔案。

吉拉德認為，推銷人員應該像一台機器，具有答錄機和電腦的功能，在和顧客交往過程中，將顧客所說的有用情況都記錄下來，從中把握一些有用的資料。

吉拉德說：「在建立自己的卡片檔案時，你要記下有關顧客和潛在顧客的所有資料——他們的孩子、嗜好、學歷、職務、成就、旅行過的地方、年齡、文化背景及其他任何與他們有關的事情，這些都是有用的推銷情報。」

「所有這些資料都可以幫助你接近顧客，使你能夠有效地跟顧客討論問題，談論他們感興趣的話題，有了這些資料，你就會知道他們喜歡什麼，不喜歡什麼，你可以讓他們高談闊論，興高采烈，手舞足蹈……只要你有辦法使顧客心情舒暢，他們就不會讓你大失所望。」

增強自信，這對於推銷人員取得成功至關重要。推銷人員在毫無準備的情況下貿然訪問準顧客，往往因為情況不明、底數不清，總擔心出差錯觸怒顧客，因而行動舉棋不定，言詞模稜兩可。顧客看到對自己推銷的商品信心不足的推銷人員，只會感到擔心和失望，進而不能信任推銷人員所推銷的產品，當然也難以接受。

由此可以看到，接近顧客的準備工作非常重要，尤其是當商品具有貴重、高級、無形、結構複雜、數量較多或顧客所不熟悉等特點時，更是如此。

多收集銷售資訊有助於進一步認定準顧客的資格。

在初步認定準顧客資格的基礎上，推銷人員已基本確定某些個人和團體是自己的準顧客，但這種認定有時可能不會成為事實。因為真正的準顧客要受其購買能力、購買決策權、是否有已經成為競爭者的顧客和其他種種因素的制約。對於這些制約因素，都要求推銷人員必須對準顧客的資格進行進一步的認定，而這項任務必須在接近顧客之前的準備工作中完成，以避免接近顧客時的盲目行為。

收集盡可能多的資訊便於制定接近目標顧客的策略。

目標顧客的具體情況和性格特點存在著個體差異，推銷人員不能毫無區別地用一種方法去接近所有的顧客。有的人工作忙碌，很難獲准見面，有的人卻成天待在辦公室或家裡，很容易見面；有的人比較隨和，容易接近，有的人卻很嚴肅，難以接近，有的人時間觀念較強，喜歡開門見山地開始推銷洽談，有的人卻比較適宜採取迂迴戰術，有的人喜歡接受恭維，有的人卻對此持厭惡的態度，等等。推銷人員必須進行充分的前期準備，把握目標顧客諸如上述多方面因素的特點，才能制定出恰當的接近顧客的各種策略。

多收集資訊還有利於制定具有針對性的面談計畫。

推銷人員在推薦商品時，總是要採取多種多樣的形式，在對自己的產品進行遊說時，或突出產品製作材料的新穎、先進的生產工藝，或突出產品良好的售後服務和保證，或突出優惠的價格，等等。關鍵在於推銷人員介紹商品的側重點要切合顧客的關注點，否則，面談介紹商品的工作就失去針對性，推銷的效果會因此而大打折扣，甚至使推銷工作無功而返。例如，準顧客最關心的是產品的先進性和可靠的品質，而推銷人員只突出產品完善的售後服務，這就有可能使顧客擔心產品的返修率高，品質不可靠。推銷人員做好前期準備工作，深入挖掘準顧客產生購買行為的源頭——購買動機，就能找到準顧客對產品的關注點，制定出最符合準顧客特點的面談計畫。

多收集資訊還可以有效地減少或避免推銷工作中的失誤。

推銷人員的工作是與人打交道，要面對眾多潛在顧客。每一位潛在顧客都具有穩定的心理特質，有各自的個性特點，推銷人員不可能在短暫的推銷談話中予以改變，而只能加以適應，迎合準顧客的這些個性特點。因此，推銷人員必須注意順從顧客要求，投其所好，避其所惡，推銷人員做好接近準備，充分瞭解準顧客的個性、習慣、愛好、厭惡、生理缺陷等，就可盡量避免因觸及顧客的隱痛或忌諱而導致推銷失敗。

◆詢問顧客獲得準確資訊

透過詢問，推銷員可以引導客戶的談話，同時取得更確切的資訊，支持其產品的銷售。

絕大多數的人都喜歡「說」而不喜歡「聽」，他們往往認為只有「說」才能夠說服客戶購買，但是事實是：客戶的需求期望都只能由「聽」來獲得。試問，如果推銷員不瞭解客戶的期望，他又怎麼能夠達成推銷員所簽定單的期望？

對於推銷員來說，傾聽是必須的，但是傾聽並不是無原則的。傾聽的同時還必須輔之以一定的詢問，這種詢問的目的就是為了使交易迅速達成。詢問時必須使聽者有這樣一種強烈的印象，該推銷員是信心百倍而且認真誠懇的。

推銷是可以提一些只能用「是」或「不是」回答的問題，這樣的回答是明確的、不容置疑的。

「您會說英語嗎？」

「你參觀花展了嗎？」

「貴公司是否有工會？」

這種提問一般都充當對話過程中一系列問題的一部分，雖並不能引發對方詳盡的回答，但卻對分辨和排除那些次要的內容很有幫助。這樣就可進一步詢問了。

賣方：「你們是否出口美國？」

買方：「沒有。」

賣方：「貴公司對出口美國會否感興趣？」

買方：「是。」

賣方：「我們可以……」

有時候，我們也可以使用一些別有用心的肯定式提問。

這種提問能對回答起引導作用。提問的人一開始就先把對方恭維、吹捧一番，然後在此基礎上再提問，對方如果不小心，意志不堅定，就很難擺脫這種事先設計的圈套。

「董事長先生，您有多年從事這種工作的經驗，一定同意這是最妥善的安排，是吧？」

「李先生，您是這些人當中最上鏡的，一定願意出鏡，對嗎？」

下功夫掌握和運用這些提問技巧，會令你受益無窮。運用這種技巧可以使電話交談按照你所設計的方案順利進行。以下我們用一家針織品公司與顧客的對話。

推銷員：「王先生，您好，我是天詩針織品有限公司的孫明，您要購買針織服裝嗎？」

買方：「要。」

推銷員：「您要買男士針織服裝嗎？」

買方：「要。」

推銷員：「您要針織外衣和運動裝嗎？」

買方：「要。但現在我們還有些存貨……」

如果你用下面這個問題，就少了很多小步驟。

推銷員：「王先生，您好，我是天詩針織品有限公司的孫明，您需要購買哪類針織服裝呢？」

除了要注意提問的方式，還要注意提問時的語氣等。

首先要注意音高與語調。低沉的聲音莊重嚴肅，一般會讓客戶認真地對待。尖利的或粗暴刺耳的聲音給人的印象是反應過火，行為失控。推銷員的聲音是不宜尖利或粗暴的。

還要注意語速。急緩適度的語速能吸引住客戶的注意力，使人易於吸收資訊。如果語速過慢，聲音聽起來就會陰鬱悲哀，客戶就會轉而做其他的事情；如果語速過快，客戶就會無暇吸收說話的內容，同樣影響接收效果。推銷員在和客戶的溝通過程中，最忌諱的是說話吞吞吐吐，猶豫不決，聽者往往會不由自主地變得十分擔憂和坐立不安。

最後還要善於運用強調。推銷員在交談過程中應該適當地改變重音，以便能夠強調某些重要詞語。如果一段介紹沒有平仄，沒有重音，客戶往往就無法把握推銷員說話的內容，同時強調也不宜過多，太多的強調會讓人變得暈頭轉向、不知所云。

積極為成交做好準備

喬・吉拉德說，成交是推銷的目的，要想順利成交，就要及時領會客戶的想法，積極為成交做好準備。

◆及時領會客戶每一句話

華萊士是A公司的推銷員，A公司專門為高級公寓社區清潔游泳池，還包辦景觀工程。B公司的產業包括12幢豪華公寓大廈，華萊士已經向他們的資深董事華威先生說明了A公司的服務項目。開始的介紹說明還算順利，緊接著，華威先生有意見了。

場景一：

華威：「我在其他地方看過你們的服務，花園很漂亮，維護得也很好，游泳池尤其乾淨；但是一年收費十萬元？太貴了吧！我付不起。」

華萊士：「是嗎？您所謂『太貴了』是什麼意思呢？」

華威：「說真的，我們很希望從年中，也就是六月一號起，你們負責清潔管理，但是公司下半年的費用通常比較拮据，半年的游泳池清潔預算只有三萬八千元。」

華萊士：「嗯，原來如此，沒關係，這點我倒能幫上忙，如果您願意由我們服務，今年下半年的費用就三萬八千元；另外六萬兩千元明年上半年再付，這樣就不會有問題了，您覺得呢？」

場景二：

華威：「我對你們的服務品質非常滿意，也很想由你們來承包；但是，十萬元太貴了，我實在沒辦法。」

華萊士：「謝謝您對我們的賞識。我想，我們的服務對你們公司的確很適用，您真的很想讓我們接手，對吧？」

華威：「不錯。但是，我被授權的上限不能超過九萬元。」

華萊士：「要不我們把服務分為兩個項目，游泳池的清潔費用四萬五千元，花園管理費用五萬五千元，怎樣？這可以接受嗎？」

華威：「嗯，可以。」

華萊士：「很好，我們可以開始討論管理的內容……」

場景三：

華威：「我在其他地方看過你們的服務，花園是弄得還算漂亮，維護修整上做得也很不錯，游泳池尤其乾淨；但是一年收費十萬元？太貴了吧！」

華萊士：「是嗎？您所謂『太貴了』是什麼意思？」

華威：「現在為我們服務的C公司一年只收八萬元，我找不出要多付兩萬元的理由。」

華萊士：「原來如此，但您滿意現在的服務嗎？」

華威：「不太滿意，以氯處理消毒，還勉強可以接受，花園就整理得不盡理想；我們的住戶老是抱怨游泳池裡有落葉；住戶花費了那麼多，他們可不喜歡住的地方被弄得亂七八糟！雖然跟C公司提了很多遍了，可是仍然沒有改進，住戶還是三天兩頭打電話投訴。」

華萊士：「那您不擔心住戶會搬走嗎？」

華威：「當然擔心。」

華萊士：「你們一個月的租金大約是多少？」

華威：「一個月三千元。」

華萊士：「好，這麼說吧！住戶每年付您三萬六千元，您也知道好住戶不容易找。所以，只要能多留住一個好住戶，您多付兩萬元不是很值得嗎？」

華威：「沒錯，我懂你的意思。」

華萊士：「很好，這下，我們可以開始草擬合約了吧。什麼時候開始好呢？月中，還是下個月初？」

銷售過程中及時領會客戶的意思非常重要。只有及時領會了客戶的意思，推銷員才能及時做好準備，才能為下一步的順利進行創造條件。

◆提問能使銷售更順暢

有一天，金克拉預定在南卡羅來納州格林灣爾市進行演講，他先向那裡的一家旅館寫了預訂客房的信。

他以為房間已經預訂好了，可是，在踏入那家高級旅館大廳的一瞬間，就察覺到情況不太妙。這是因為在大廳後方的告示板上有一段文字，大意是：「敬致旅客，10月11～15日請不要在南卡羅來納州格林灣爾市逗留，因為這裡正舉行紡織品周活動。在一周內以格林灣爾為中心80公里以內的旅館全都客滿，房間都是一年前預訂的。」

金克拉走近服務台，大膽地對分配房間的服務小姐說：「我叫齊格．金克拉，能不能讓我查一下我的訂房信呢？」

那位服務小姐問：「有過預約嗎？」

「有啊，我是用信預約的。」

「什麼時候寫的信？」那位小姐又問道。

「那是很早以前的事了。」

「大概有多長時間了？」

「大概在三周以前吧。而且還打過電話，請看一下記錄。」

「金克拉先生，我不得不說……」

「不，請等一下。」金克拉打斷了那位服務小姐的話。

恰在這時，又一位服務小姐出現了，原先那位小姐像遇到了救星似的，把金克拉介紹給這位名叫凱瑞的小姐。

凱瑞小姐說：「金克拉先生，今天晚上……」

金克拉再次打斷了她：「請等一下，不要再多說了，能否先回答我兩個問題？」

「行啊。」

「第一個問題，你是否認為自己是個正直的人？」

「嗯，那是自然的。」

「好吧，那我就提第二個問題：如果美國大總統從那個門進來，站在你的正前方說『給我一間房間』的話，請你講出真實的情況，你是不是會給他準備一間房間呢？」

「金克拉先生，如果是美國大總統來到這裡，我肯定要為他準備一間房間，這樣做恐怕你我都能理解吧？」

「我們兩人都是正直的人，都能講真話。你明白我的意思，今天大總統並沒有來，所以，請你讓我使用他的房間吧！」

那天晚上，金克拉先生如願以償地住進了旅館。而在這之前，主辦演講的單位本想為他訂一間客房，但失敗了，儘管旅館老闆的秘書是這個單位某職員的夫人。金克拉之所以能住進旅館，不是因為別的，只是因為他提出的問句。透過對這兩個問句的回答，凱瑞小姐已經把自己「塑造」成了一個「正直」的人，一個不講假話的人，若再說實在是沒有房間的話，就會前後矛盾。為了維護自身的形象，唯一的辦法就是給金克拉一個房間。

開動腦筋，積極思考應對策略，你就一定能像金克拉先生那樣在不可能的情況下達到自己的目的。只要你肯開動腦筋，一切不可能都會變成可能。

成功結束推銷的藝術

推銷過程總要結束，不管客戶買不買你的產品，都要審時度勢，成功結束推銷。

◆把握成功推銷

吉拉德認為，訂約簽字的那一剎那，是人生中最有魅力的時刻。

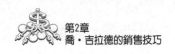

他說：「締結的過程應該是比較輕鬆、順暢的，甚至有時候應該充滿一些幽默感。每當我們將產品說明的過程進行到締結步驟的時候，不論是推銷員還是客戶，彼此都會開始覺得緊張，抗拒也開始增強了，而我們的工作就是要解除這種尷尬的局面，讓整個過程能夠在非常自然的情況之下發生。」

你在要求成交的時候應該先運用假設成交的方法。當你觀察到最佳的締結時機已經來臨時，你就可以直接問客戶：「你覺得哪一樣產品比較適合你？」或者問：「你覺得你想要購買一個還是兩個？」「你覺得我們什麼時候把貨送到你家裡最方便呢？」或者直接拿出你的購買合約，開始詢問客戶的某些個人資料的細節。

締結的過程之所以讓人緊張，主要的原因在於推銷員和客戶雙方都有所恐懼。推銷員恐懼在這個時候遭受客戶的拒絕；而客戶也有所恐懼，因為每當他們做出購買決定的時候，他們會有一種害怕做錯決定的恐懼。

沒有一個人喜歡錯誤的決定，任何人在購買產品時，總是冒了或多或少的風險，萬一他們買錯了、買貴了、買了不合適的產品，他們的家人是否會怪他，他們的老闆或他們的合夥人是不是會對他們的購買決定不滿意，這些都會造成客戶在做出購買決定的時候猶豫不決或因此退縮。

締結是成交階段的象徵，也是推銷過程中很重要的一環，有了締結的動作才有成交的機會，但推銷員有時卻羞於提出締結的要求，而白白地讓成交的機會流失。

有位挨家挨戶推銷清潔用品的推銷員，好不容易才說服公寓的主婦，幫他開了鐵門，讓他上樓推銷他的產品。當這位辛苦的推銷員在主婦面前完全展示他的商品的特色後，見她沒有購買的意識，黯然帶著推銷品下樓離開。

主婦的丈夫下班回家，她不厭其煩地將今天推銷員向她展示的產品的優良性能重述一遍後，她丈夫說：「既然你認為那項產品如此實用，為何沒有購買？」

「是相當不錯，性能也很令我滿意，可是那個推銷員並沒有開口叫我買。」

這是推銷員百密一疏，功虧一簣之處，很多推銷員，尤其是剛入行的推銷員在面對客戶時，不敢說出請求成交的話，他們害怕遭到客戶的拒絕，生怕只因為這一舉動葬送了整筆交易。

其實推銷員所做的一切工作，從瞭解顧客、接近顧客、到後來的磋商等等一系列行為，最終的目的就是為了成交，遺憾的是，就是這臨門一腳也是最關鍵的一環卻是推銷員最需要努力學習的。

成交的速度當然是愈快愈好，任何人都知道成交的時間用得愈少，成交的件數就愈多。有一句話在推銷技巧中被喻為金科玉律：「成交並不稀奇，快速成交才積極。」這句口號直接說明了速度對於銷售的重要性。

但是，到底要如何才能達到快速成交的目的？首先必須掌握一個原則：不要做太多說明，商品的特性解說對於客戶接受商品的程度是有正面影響的，但是如果解釋得太詳細反而會形成畫蛇添足的窘境。

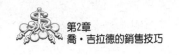

推銷員若感覺到客戶購買的意願出現，可以適當地提出銷售建議，這是很重要的一環。大多數人在決定買與不買之間，都會有猶豫的心態，這時只要敢大膽地提出積極而肯定的要求，營造出半強迫性的購買環境，客戶的訂單就可以手到擒來。千萬不要感到不好意思，以為談錢很現實，反而要瞭解「會吵的孩子有糖吃」的道理。

適時地嘗試可以達到快速成交的理念，倘若提出要求卻遭受無情的拒絕，而未能如願所償也無妨，只要再回到商品的解說上，接續前面的話題繼續進行說明就可以了，直到再一次發現客戶的購買意願出現，再一次提出要求並成交為止，多一份締結要求就等於多一分成交的機會，推銷員必須打破刻板的舊觀念，大膽勇於嘗試提出締結的要求。

◆任何時候都要留有餘地

喬·吉拉德說，保留一定的成交餘地，也就是要保留一定的退讓餘地。任何交易的達成都必須經歷一番討價還價，很少有一項交易是按賣主的最初報價成交的。尤其是在買方市場的情況下，幾乎所有的交易都是在賣方做出適當讓步之後拍板成交的。因此，推銷員在成交之前如果把所有的優惠條件都一股腦地端給顧客，當顧客要你再做些讓步才同意成交時，你就沒有退讓的餘地了。所以，為了有效地促成交易，推銷員一定要保留適當的退讓餘地。

有時進行到了這一步，當電話銷售人員要求客戶下定單的時候，客戶可能還會有另外沒有解決的問題提出來，也可能他有顧慮。想一想，我們前面更多地探討的是如何滿足客戶的需求，但現在，需要客戶真正做決定了，他會面臨決策的壓力，他會更深入地詢問與企業有關的其他顧慮。如果客戶最後沒做決定，在銷售人員結束電話前，千萬不要忘了向客戶表達真誠的感謝：

「馬經理，十分感謝您對我工作的支持，我會與您隨時保持聯繫，以確保您愉快地使用我們的產品。如果您有什麼問題，請隨時與我聯繫，謝謝！」

同時，推銷員可以透過說這樣的話來促進成交：

「為了使您儘快拿到貨，我今天就幫您下定單可以嗎？」

「您在報價單上簽字、蓋章後，傳真給我就可以了。」

「馬經理，您希望我們的工程師什麼時候為您上門安裝？」

「馬經理，還有什麼問題需要我再為您解釋呢？如果這樣，您希望這批貨什麼時候到您公司呢？」

「馬經理，假如您想進一步商談的話，您希望我們在什麼時候可以確定？」

「當貨到了您公司以後，您需要上門安裝及培訓嗎？」

「為了今天能將這件事確定下來，您認為我還需要為您做什麼事情？」

「所有事情都已經解決，剩下來的，就是得到您的同意了（保持沉默）。」

「從ABC公司來講，今天就是下定單的最佳時機，您看怎麼樣（保持沉默）？」

一旦銷售人員在電話中與客戶達成了協定，需要進一步確認報價單、送貨地址和送貨時間是否準備無誤，以免出現不必要的誤會。

推銷時留有餘地很容易誘導顧客主動成交。

誘導顧客主動成交，即設法使顧客主動採取購買行動。這是成交的一項基本策略。一般而言，如果顧客主動提出購買，說明推銷員的說服工作十分奏效，也意味著顧客對產品及交易條件十分滿意，以致顧客認為沒有必要再討價還價，因而成交非常順利。所以，在推銷過程中，推銷員應盡可能誘導顧客主動購買產品，這樣可以減少成交的阻力。

推銷員要努力使顧客覺得成交是他自己的主意，而非別人強迫。通常，人們都喜歡按照自己的意願行事。由於自我意識的作用，對於別人的意見總會下意識地產生一種「排斥」心理，儘管別人的意見很對，也不樂意接受，即使接受了，心裡也會感到不暢快。因此，推銷員在說服顧客採取購買行動時，一定要讓顧客覺得這個決定是他自己的主意。這樣，在成交的時候，他的心情就會十分舒暢而又輕鬆，甚至為自己做了一筆合算的買賣而自豪。

不要為了讓你的客戶一時做出購買的決定，而對他們做出你根本無法達到的承諾。因為這種做法最後只會讓你喪失你的客戶，讓客戶對你失去信心，那是絕對得不償失的。

許多推銷員在成交的最後過程中，為了能使客戶儘快地簽單或購買產品，無論客戶提出什麼樣的要求他們都先答應下來，而到最後當這些承諾無法被滿足的時候，卻發現絕大多數的情況下會造成客戶的抱怨和不滿，甚至會讓客戶取消他們當初的訂單。而且當這種事情發生時，我們所損失的不是只有這個客戶，而是這個客戶以及他周邊所有的潛在客戶資源。

◆成交以後盡量避免客戶反悔

有位大廈清潔公司的推銷員劉先生，當一棟新蓋的大廈完成時，馬上跑去見該大廈的管理長或業務主任，想承攬所有的清潔工作，例如，各個房間地板的清掃、玻璃窗的清潔、公共設施、大廳、走廊、廁所等所有的清理工作。當劉先生承攬到生意，辦好手續，從側門興奮的走出來時，一不小心，把消防用的水桶給踢翻，水潑了一地，有位事務員趕緊拿著拖把將地板上的水拖乾。這一幕正巧被管理組長看到，心裡很不舒服，就打通電話，將這次合約取消，他的理由是「像你這種年紀的人，還會做出這麼不小心的事，將來實際擔任本大廈清掃工作的人員，更不知會做出什麼樣的事來，既然你們的人員無法讓人放心，所以我認為還是解約的好」。

推銷員不要因為生意談成，高興得昏了頭，而做出把水桶踢翻之類的事，使得談成的生意又變泡影，煮熟的鴨子又飛了。

這種失敗的例子，也可能發生在保險業的推銷員身上，例如當保險推銷員向一位婦人推銷她丈夫的養老保險，只要說話稍不留神，就會使成功愉快的交易，變成怒目相視的拒絕往來戶。

「現在你跟我們訂了契約，相信你心裡也比較安心點了吧？」

「什麼！你這句話是什麼意思，你好像以為我是在等我丈夫的死期，好拿你們的保險金似的，你這句話太不禮貌了！」

於是洽談決裂，生意也做不成了。

喬．吉拉德提醒大家，當生意快談攏或成交時，千萬要小心應付。所謂小心應付，並不是過分逼迫人家，只是在雙方談好生意，客戶心裡放鬆時，推銷員最好少說幾句話，以免攪亂客戶的情緒。此刻最好先將攤在桌上的文件，慢慢的收拾起來，不必再花時間與客戶閒聊，因為與客戶聊天時，有時也會使客戶改變心意，如果客戶說：「嗯！剛才我是同意了，現在我想再考慮一下。」那你所花費的時間和精力，就白費了。

成交之後，推銷工作仍要繼續進行。

專業推銷員的工作始於他們聽到異議或「不」之後，但他真正的工作則開始於他們聽到「可以」之後。

永遠也不要讓客戶感到專業推銷員只是為了佣金而工作。不要讓客戶感到專業推銷員一旦達到了自己的目的，就突然對客戶失去了興趣，轉頭忙其他的事去了。如果這樣，客戶就會有失落感，那麼他很可能會取消剛才的購買決定。

對有經驗的客戶來說，他會對一件產品發生興趣，但他們往往不是當時就買。專業推銷員的任務就是要創造一種需求或渴望，讓客戶參與進來，讓他感到興奮，在客戶情緒到達最高點時，與他成交。但當客戶的情緒低落下來時，當他重新冷靜時，他往往會產生後悔之意。

很多客戶在付款時，都會產生後悔之意。不管是一次付清，還是分期付款，總要猶豫一陣才肯掏錢。一個好辦法就是，寄給客戶一張便條、一封信或一張卡片，再次稱讚和感謝他們。

作為一名真正的專業推銷員，他不會賣完東西就將客戶忘掉，而是定期與客戶保持聯繫，客戶會定期得到他提供的服務。而老客戶也會為你介紹更多的新客戶。

獵犬計畫是著名推銷員喬．吉拉德在他的工作中總結出來的。主要觀點是：作為一名優秀的推銷員，在完成一筆交易後，要想方設法讓顧客幫助你尋找下一位顧客。

吉拉德認為，幹推銷這一行，需要別人的幫助。吉拉德的很多生意都是由「獵犬」（那些會讓別人到他那裡買東西的顧客）幫助的結果。吉拉德的一句名言就是「買過我汽車的顧客都會幫我推銷」。

在生意成交之後，吉拉德總是把一疊名片和獵犬計畫的說明書交給顧客。說明書告訴顧客，如果他介紹別人來買車，成交之後，每輛車他會得到25美元的酬勞。

幾天之後，吉拉德會寄給顧客感謝卡和一疊名片，以後至少每年他會收到吉拉德的一封附有獵犬計畫的信件，提醒他吉拉德的承諾仍然有效。如果吉拉德發現顧客是一位領導人物，其他人會聽他的話，那麼，吉拉德會更加努力促成交易並設法讓其成為獵犬。

實施獵犬計畫的關鍵是守信用——一定要付給顧客25美元。吉拉德的原則是：寧可錯付50個人，也不要漏掉一個該付的人。

1976年，獵犬計畫為吉拉德帶來了150筆生意，約佔總交易額的1／3。吉拉德付出了1400美元的獵犬費用，收穫了7.5萬美元的佣金。

第3章

貝特格無敵推銷術

做任何事情都有技巧。使收入和幸福倍增1000倍的推銷藝術是從被別人拒絕開始的。行銷大師法蘭克・貝特格教你如何面對拒絕，走向成功推銷。

聽到NO的時候要振作

貝特格說：「成功不是用你一生所取得的地位來衡量的，而是用你克服的障礙來衡量的。」任何一次推銷，推銷員都要做好被拒絕的心理準備，面對拒絕要堅持不懈，把堅忍不拔當成一種習慣。

◆做好被拒絕的準備

推銷員可以說是與「拒絕」打交道的人，戰勝拒絕的人，才稱得上是推銷高手。在戰場上，有兩種人是必敗無疑的，一種是幼稚的樂觀主義者，他們滿懷豪情，奔赴戰場，硬衝蠻打，全然不知敵人的強大，結果不是深陷敵人的圈套，便是慘遭敵人的毒手；另一種是膽小怕死的懦夫，一聽到槍砲聲便捂起耳朵，一看見敵人就閉上眼睛，東躲西藏，畏縮不前，甚至後退，一旦被敵人發現也是死路一條。這是戰場上的原則和規律，但也同樣適用於商場和商戰。

一個朋友告訴貝特格說紐約一家製造商正尋找合適的保險公司，想為自己買一份金額25萬美元的人壽保險。聽到這個消息貝特格立即請這位朋友安排一次會面的機會。

兩天後，會面的時間已經安排好，次日上午10點45分。貝特格為第二天的會面積極準備著。

第二天早晨他前往紐約的火車上。為給自己多一些壓力，他一下火車就給紐約最大的一家健檢中心打了一個電話，預約好了體檢時間。

貝特格很順利地走進總裁的辦公室。

「你好，貝特格先生，請坐。」他說，「貝特格先生，真不好意思，我想你這一次是白跑一趟了。」

「為什麼這麼說呢？」聽到這，貝特格有些意外，但並不感到沮喪。

「我已經把我想投保的壽險計畫送交給了一些保險公司，它們都是紐約比較大而且很有名氣的公司，其中三家保險公司是我朋友開的，並且有一家公司的老總還是我最好的朋友，我們經常會在周末打高爾夫球，他們的公司無論規模還是形象都是一流的。」博思先生指著他面前辦公桌上的一疊文件說。

「沒錯，這幾家公司的確很優秀，像這樣的公司在世界上都是不多見的。」貝特格說。

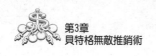

「情況大致就是如此，貝特格先生。我今年是46歲，假如你仍要堅持向我提供人壽保險的方案，你可以按我的年齡，做一個25萬美元的方案並把它寄給我，我想我會和那些已有的方案做一個比較加以考慮的。如果你的方案能讓我滿意，而且價格又低的話，那麼就是你了。不過我想，你如果這樣做很可能是在浪費我的時間，同時也是在浪費你的時間。希望你慎重考慮。」博思先生說。

一般情況下，推銷員聽到這些大多會就此放棄，但貝特格卻沒有。他說：「博思先生，如果您相信我，那麼我就對您說真話。」

「我是做保險這一行的，如果您是我的親兄弟，我會讓你趕快把那些所謂的方案扔進廢紙簍裡去。」貝特格沉靜而堅守地說道。

「只有真正的保險統計員才能明白無誤地瞭解那些投保方案，而一個合格的保險統計員大概要學習7年左右的時間，假如您現在選擇的保險公司價格低廉，那麼，5年後，價格最高的公司就可能是它，這是歷史發展的規律，也是經濟發展的必然趨勢。沒錯，這些公司都是世界上最好的保險公司，可你現在還沒有做出決定，博思先生，如果您能給我一次機會，我將幫助您在這些最好的公司裡做出滿意的選擇，我可以問您一些問題嗎？」

「你將瞭解到你所想知道的所有資訊。」

「在您的事業蒸蒸日上的時候，您可以信任那些公司，可假如有一天您離開了這個世界，您的公司就不一定像您這樣信任他們，難道不是嗎？」

「對，可能性還是有的。」

「那麼我是不是可以這樣想，當您申請的這個保險生效時，您的生命財產安全也就轉移到了保險公司一方？可以想像一下，如果有一天，您半夜醒來，突然想到您的保險昨天就到期了，那麼，第二天早晨的第一件事，是不是會立即打電話給您的保險經紀人，要求繼續交納保險費？」

「當然了！」

「可是，您只打算購買財產保險而沒有購買人壽保險，難道您不覺得人的生命是第一位的，應該把它的風險降到最低嗎？」

博思先生說：「這個我還沒有認真考慮過，但是我想我會很快考慮的。」

「如果您沒有購買這樣的人壽保險，我覺得您的經濟損失是無可估量的，同時也影響了您的很多生意。」

「今天早上我已和紐約著名的卡克雷勒醫生約好了，他所做的體檢結果是所有保險公司都認可的。只有他的檢驗結果才能適用於25萬美元的保險單。」

「其他保險代理不能做這些嗎？」

「當然，但我想今天早晨他們是不可以了。博思先生，您應該很清楚地認識到這次體檢的重要性，雖然其他保險代理也可以做，但那樣會耽擱您很多時間，您想一下，當醫院知道檢查的結果要冒25萬美元的風險時，他們就會作第二次具有權威性的檢查，這意味著時間在一天天拖延，您為什麼要這樣拖延一周，哪怕是一天呢？」

「我想我最好還是再考慮一下吧！」博思先生開始猶豫了。

貝特格繼續說道：「博思先生，假如您明天覺得身體不舒服，比如說喉嚨痛或者感冒的話，那麼，就得休息至少一個星期，等您完全康復再去檢查，保險公司就會因為您的這個小小的病史而附加一個條件，即觀察三四個月，以便證明您的病症是急性還是慢性，這樣一來您還得等下去，直到進行最後的檢查，博思先生，您說我的話有道理嗎？」

「博思先生，現在是11點10分，如果我們現在出發去檢查身體，您和卡克雷勒先生11點30分的約會還不至於耽誤。您今天的狀態非常不錯，如果體檢也沒什麼問題，您所購買的保險將在48小時後生效。我相信您現在的感覺一定很好。」

就這樣，貝特格做成了這筆生意，他又發掘了一個大客戶。

被拒絕是很正常的事，一次、兩次、三次，但是三十次以上還有耐心拜訪的人恐怕沒有幾個，對顧客的拒絕做好心理準備，把被拒絕的客戶都當作沒有拜訪過的客戶，訂單自然會源源不斷。

愚勇和怯懦都將導致失敗。怎樣才能在推銷中獲勝呢？孫子曰：「知己知彼，百戰不殆。」所謂知己，對推銷員來說便是知道商品的優劣特點及自己的體力、智力、口才等，並在推銷中加以適當發揮。所謂知彼，就是要瞭解顧客的需要和困難是什麼，掌握了這些推銷規律和技巧才不怕被顧客拒絕。

有些推銷新手缺少被顧客拒絕的經驗教訓，盲目地認為：「我的產品物美價廉，推銷一定會一帆風順。」「這家不會讓我吃閉門羹！」盡往順利的方面想，根本沒有接受拒絕的心理準備，這樣推銷時一旦交鋒，便會被顧客的「拒絕」打個措手不及，倉皇而逃。

推銷員必須具備頑強的奮鬥精神，不能因顧客的「拒絕」一蹶不振，垂頭喪氣，而應該有被拒絕的心理準備，心理上要能做到坦然接受拒絕，並視每一次拒絕為一個新的開始，最後達到推銷成功。

貝特格說，推銷員與其逃避拒絕，不如抱著被拒絕的心理準備，去爭取一下。推銷前好好研究應對策略，如：顧客可能怎樣拒絕、為什麼要拒絕、如何對付拒絕等等問題。那麼，你就能反敗為勝，獲得成功。

◆順著拒絕者的觀點開始推銷

一個五六歲的孩子因為父母吵架，就撐著一把雨傘蹲在牆角，父母又求又哄，但孩子不理不睬。兩天過去了，孩子體力極度衰竭，最後，他們請來著名的心理治療大師狄克森先生。狄克森也要了一把雨傘在孩子的跟前蹲下了，他面對孩子，注視著孩子的雙眼，向孩子投去關切的目光，終於，孩子從恍惚中震了一下，像沉睡中被閃電驚醒的人，狄克森繼續與孩子對視。

孩子突然問：「你是什麼？」

狄克森反問：「你是什麼？」

孩子：「蘑菇好，颳風下雨聽不到。」

狄克森：「是的，蘑菇好，蘑菇聽不到爸爸、媽媽的吵鬧聲。」這時，孩子流淚了。

狄克森：「做蘑菇好是好，但是蹲久了又餓又累，我要吃巧克力。」他掏出塊巧克力，送到孩子鼻子前讓他聞一聞，然後放進自己嘴裡大嚼起來。

孩子：「我也要吃巧克力。」狄克森給了孩子一塊巧克力，孩子吃了一半。

狄克森：「吃了巧克力太渴，我要去喝水。」說著，他丟掉了雨傘，站了起來，孩子也跟著站起來。這是一個從學步入手取得信任，然後起步治療心理障礙的經典案例。

其實，克服推銷障礙與克服心理障礙的原理是一樣的。

每個推銷人都會遇到的推銷困擾。有位做了四年的保險推銷顧問，經常面對「保險是欺騙，你是騙子」的責難，他怎麼辦呢？他難道與客戶辯論嗎？顯然不行，他說：「您認為我是騙子嗎？」

對方答：「是啊。你難道不是騙子嗎？」

他說：「我也經常疑惑，尤其在像您這樣的人指責我的時候，我有時真不想幹保險這行了，可就是一直下不了決心。」

對方說：「不想幹就別幹，怎麼還下不了決心呢？」

他說：「因為我在四年時間裡已經和500多個投保戶結成了好朋友，他們一聽說我不想繼續幹下去了，就都不同意，要我為他們提供續保服務；尤其是13位理賠的客戶，聽說我動搖了，都打電話不讓我走。」

對方驚訝地問：「還有這事？你們真的給投保戶賠償？」

他說：「是的，這是我經手的第一樁理賠案……」就這樣，他一次又一次戰勝了對保險推銷的偏見和拒絕，當場改變了對立者的觀點，做成了一筆又一筆的業務。

要想推銷成功，面對顧客拒絕時首先要先接受顧客的觀點，然後從顧客的觀點出發與顧客溝通，最後沿著共同認可的方向努力，以促成成交。

想成為一名成功的推銷人員，你就得學會如何應對客戶的拒絕。但這並不保證你學會以後就能一帆風順，有時碰到難纏的客戶，你也只好放棄。總而言之，不妨把挫折當成是磨練自我的機會，從中學習克服拒絕的技巧，找到被拒絕的癥結所在，你就能應對自如了。

◆不因拒絕止步不前

有位很認真的保險推銷員，當客戶拒絕他時，他站起來，拎著公事包向門口走去，突然，他轉過身來，向客戶深深地鞠了一躬，說：「謝謝你，你讓我向成功又邁進了一步。」

客戶覺得很意外，心想：我把他拒絕得那麼乾脆，他怎麼還要謝我呢？好奇心驅使他追出門去，叫住那位小夥子，問他，為什麼被拒絕了還要說謝謝？

那位推銷員一本正經地說：「我的主管告訴我，當我遭到40個人的拒絕時，下一個就會簽單了。你是拒絕我的第39個人，再多一個，我就成功了。所以，我當然要謝謝你。你給我一次機會，幫我加快了邁向成功的步伐。」

那位客戶很欣賞小夥子積極樂觀的心態，馬上決定向他投保，還給他介紹了好幾位客戶。

作為一個推銷員，被客戶拒絕是難免的，對新手來說也是比較難以接受的。但是再成功的推銷員也會遭到客戶的拒絕。問題在於優秀的推銷員認為被拒絕是常事，並養成了習慣吃閉門羹的氣度，他們經常抱著被拒絕的心理準備，並且懷著征服客戶拒絕的自信，以極短的時間完成推銷。即使失敗了，也會冷靜地分析客戶的拒絕方式，找出應付這種拒絕的方法，當下次再遇到這類拒絕時，就會胸有成竹了。這樣長此下去，所遇到的真正拒絕就會越來越少，成功率也會越來越高。其實，要想真正取得推銷的成功，就得有在客戶拒絕面前從容不迫的氣魄和勇氣，不管遭到怎樣不客氣的拒絕，推銷員都應該保持彬彬有禮的服務態度，不管在什麼樣的拒絕下都應毫不氣餒。

面對客戶的拒絕，我們可以選擇執著，也可以選擇以退為進。首先，把打開的資料合起來，將工具一一收拾好。這時候動作一定要緩慢，除了極特殊的一些人之外，大多數人不會催你，你已經順從他或她的意志了嘛。一邊收拾，一邊輕聲嘆息：「太遺憾了，這麼好的東西（方案），你不要……」顯示你對商品（方案）的強烈信心，對對方未能擁有該商品（方案）表示惋惜。

其次，再把收拾好的資料、工具一一放進包（箱）中，繼續說：「現在不要，以後還不一定能要呢！你現在不馬上決定，真是太可惜了……」這時候的語速稍微加快，聲音也稍稍提高，又一次表達你對商品的信心的同時，製造一種緊迫感，強調此時不要，以後不一定能要成，進行一次強力促成。

如果對方仍無動於衷，就把包（箱）放到左手邊，擺出一副立即要中止商談的架勢，趁對方略微放鬆的一瞬間，突然換一個角度，說：「我給你講一個故事吧……」講述一個簡短而感人的故事，再進行一次情感觸動。

若是還不見效，就要真的中止商談了。把筆插進口袋，站起身，向對方伸出右手（如果你在別人的地盤上，這時候左手拎起包或箱），微笑著說：「跟你交談，真是一件愉快的事情。下次再好好談一談，彌補這次的遺憾。」充分顯示你並沒有把商談的成敗得失放在心上，而是喜歡和對方這個「人」打交道。同時，又爭取到了下次面談的機會。有些高手甚至能做到當場敲定下次面談的時間。

握手告別後，如果你在別人的地盤上，需要離開商談場所，轉身的動作要乾脆俐落，與前面的慢聲細語形成鮮明的對照，給人留下深刻的印象。轉身後別忘記挺胸抬頭，使脊背直起來，給對方留下一個美麗的背影，垂頭喪氣是萬萬要不得的。

◆教你避免被拒絕

顧客回絕的理由是你必須克服的障礙。在各類交談中，都會遇到對方的回絕。只要有可能，就要設法將對方的回絕變成對你有利的因素。但是一定要摸準對方的心理。貝特格教你戰勝別人拒絕的方法。

步驟1重複對方回絕的話

這樣做具有雙重意義。首先，可以有時間考慮；其次，讓顧客自己聽到他回絕你的話，而且是在完全脫離顧客自己的態度及所講的話的情況下聽到的。

步驟2設法排除其他回絕的理由

用一種乾脆的提問方式十分有效。「您只有這一個顧慮嗎？」或是用一種較為含蓄的方式。「恐怕我還沒完全聽明白您的話，您能再詳細解釋一下嗎？」

步驟3就對方提出的回絕理由向對方進行說服

完成這項工作有多種方式。

回敬法。將顧客回絕的真正理由作為你對產品宣傳的著眼點，以此為基礎提出你的新觀點。

如果客戶說：「我不太喜歡這種掀背式的車型。」

你可以說：「根據全國的統計數字來看，這種車今年最為暢銷。」用這種方式，你不僅反駁了對方的理由，而且還給對方吃了定心丸。

和有競爭能力的產品進行比較，將產品的優點與其他有競爭能力的產品進行比較，用實例說明自己的產品優於其他同類產品。

還有一種是緊逼法。說明對方回絕的理由是不成立的，以獲取對方肯定的回答。

顧客：「這種壺的顏色似乎不太好，我喜歡紅色的。」

供應商：「我敢肯定可以給您提供紅色的壺。假如我能做到的話，您是否要？」

顧客：「這種我不太喜歡，我希望有皮墊子。」

傢俱商：「如果我能為您提供帶皮墊的安樂椅，您是否會買？」

這種方法極其有效。如果將所有回絕理由都摸清並排除的話，最後一個問題一解決就使對方失去了退路。如果這種方法仍行不通，說明你沒能完全把握對方的心理，沒能弄清對方的真正用意。

總之，面對顧客的拒絕，你不要後退，再艱難你也要勇敢的闖過去。面對顧客的拒絕，開動腦筋，化不利為有利。任何一個推銷員只要做好這方面的工作，就是一個優秀的推銷員。

銷售中最重要的秘訣

任何事情要想成功，都有捷徑，銷售也不例外。從顧客的喜好入手，適時製造緊張氣氛，找到對手最軟弱的地方給予一擊，將問題化整為零等等，這就是貝特格的銷售秘訣。知道了銷售中的秘訣，你離成功還會遠嗎？

◆顧客喜好是你的出發點

顧客一般都喜歡和別人談他的得意之處，推銷員一定要找好出發點，從顧客的喜好入手。

顧客見到推銷員時一般都有緊張和戒備心理的，如果直奔主題將很難成功，只有從顧客的喜好出發，調動顧客的積極性，才是制勝之道。

美國心理學家N.W.弗里德曼和他的助手曾做過這樣一項經典實驗，讓兩位大學生訪問郊區的一些家庭主婦。其中一位首先請求家庭主婦將一個小標籤貼在窗戶或在一份關於美化加州或安全駕駛的請願書上簽名，這是一個小的、無害的要求。

兩周後，另一位大學生再次訪問這些家庭主婦，要求她們在今後的兩周時間內，在院中豎立一塊呼籲安全駕駛的大招牌，該招牌立在院中很不美觀，這是一個大要求。結果答應了第一項請求的人中有55％的人接受這項要求，而那些第一次沒被訪問的家庭主婦中只有17％的人接受了該要求。

這種現象被心理學上稱之為「登門檻效應」。

一下子向別人提出一個較大的要求，人們一般很難接受，而如果逐步提出要求，不斷縮小差距，人們就比較容易接受，這主要是由於人們在不斷滿足小要求的過程中已經逐漸適應，意識不到逐漸提高的要求已經大大偏離了自己的初衷；並且人們都有保持自己形象一致的願望，都希望給別人留下前後一致的好印象，不希望別人把自己看作「喜怒無常」的人，因而，在接受了別人的第一個小要求之後，再面對第二個要求時，就此較難以拒絕了，如果這種要求給自己造成損失並不大的話，人們往往會有一種「反正都已經幫了，再幫一次又何妨」的心理。於是「登門檻效應」就發生作用了，一隻腳都進去了，又何必在乎整個身子都要進去呢？

所以，當顧客選購衣服時，精明的售貨員為打消顧客的顧慮，「慷慨」地讓顧客試一試，當顧客將衣服穿在身上時，他稱讚該衣服很合適，並周到地為你服務，在這種情況下，當他勸你買下時，很多顧客難於拒絕。

做父母的望子成龍，但人才的培養只能循序漸進而不能揠苗助長。尤其是對於年齡較小的孩子，可先提出較低的要求，待他（她）按要求做了，予以肯定讚揚乃至獎勵，然後逐漸提高要求，逐漸實現他的人生目標。

◆把問題大而化小

問題不過是一個「結果」，在它發生之前，必有潛在原因，只要能找出原因，想出正確的對策，然後付諸行動，那麼問題就不可怕了。找出原因並消除它，問題必能獲得解決，同時也可避免日後再度發生同樣的問題。

從推銷業績的好壞來看，我們不難發現，普通的推銷員與頂級的推銷員，在對問題的看法上顯然有所不同。不用說，前者屬於「逃避問題型」，後者則屬於「改善問題型」。而所謂的「頂級推銷員」，通常都是先逐一解決影響銷售成績的問題，然後才能取得優良的銷售業績，其間的艱辛也是可想而知的。

優秀的銷售員發現問題的能力較強，除了平日上司考核的績效數字，或是最近發生的問題之外，他們還會進一步地發掘問題，並向問題挑戰，這樣，才會覺得有成就感。優秀的推銷員會把「問題」看成為寶藏，因此會採取積極的行動，努力去挖掘它。但是，一般的推銷員卻並非如此，他們碰到問題時，常常會畏縮不前，一味地逃避，刻意「繞道而行」，但最後卻被問題絆住了腳，屈服於問題之下。他們的銷售業績為何無法提升，原因就在這裡。

總而言之，想要使業績不斷提高，當務之急是改變對問題的看法或想法，積極地面對問題，逐步改善問題，這便是推銷員或營業部門的首要工作。

大多數的人只看問題的表面，因而容易感到困惑，這樣一來，當問題變得複雜時，便很難找到解決的方法。正確的做法是，當問題發生時，將大問題分解為小問題。因為，大問題是由小問題累積而成的，如果能讓小問題逐一解決，便可有效地改善大問題。小問題的構成分子，是引起大問題的因素；大問題是「結果」，小問題是「原因」，兩者的因果關係十分明顯。

只有將問題層層剖析，尋出最初的根源，運用「化整為零」的思考方法，才能透視問題的本質。而且，這種「化整為零」方法，不僅可以分析問題，而且在確立對策上也是不可或缺的。

當我們發現某一問題時，誰都會提醒自己：「絕不能再如此下去！」可是，如果問題接二連三地出現，許多人的反應便是束手無策。

在任何情況下，當務之急就是採用重點管理的方法，換句話說，問題固然繁雜，對策也有很多，只要將它們分出輕、重、緩、急，從優先順序中找出最重要的問題先下手，逐項解決，一切問題便可迎刃而解。

◆引起對方好奇心

英國的十大推銷高手之一約翰．凡頓的名片與眾不同，每一張上面都印著一個大大的25％，下面寫的是約翰．凡頓，英國××公司。

當他把名片遞給客戶的時候，幾乎所有人的第一反應都是相同的：「25％，什麼意思？」約翰．凡頓就告訴他們：「如果使用我們的機器設備，您的成本就將會降低25％。」這一下子就引起了客戶的興趣。約翰．凡頓還在名片的背面寫了這麼一句話：「如果您有興趣，請撥打電話××××××。」然後將這名片裝在信封裡，寄給全國各地的客戶。結果把許多人的好奇心都激發出來了，客戶紛紛打電話過來諮詢。

人人都有好奇心，推銷員如果能夠巧妙地激發客戶的好奇心，就邁出了成功推銷的第一步。

推銷中引起顧客好奇心讓他願意和你交往下去是第一步，找到顧客最軟弱的地方給予致命一擊，則是你接下來要做的工作。

這是一個發生在巴黎一家夜總會的真實故事。為招徠顧客，這家夜總會找了一位身壯如牛的大漢，顧客可隨便擊打他的肚子。不少人都一試身手，可是那個身壯如牛的傢伙竟然毫髮無損。

一天晚上，夜總會來了一位美國人，他一句法語也不懂。人們慫恿他去試試，主持人最終用打手勢的辦法讓那個美國人明白了他該做什麼，美國人走了過去，脫下外套，挽起袖子。挨打的大個子挺起胸脯深吸一口氣，準備接受那一拳。可那個美國人並沒往他肚子上打，而是照著他下巴狠揍了一拳，挨打的大漢當時就倒在了地上。

顯然那個美國人是由於誤解而打倒了對手，但他的舉動恰好符合推銷中的一條重要原則——找到對手最軟弱的地方給予致命一擊。

幾年前在匹茲堡舉行過一個全國性的推銷員大會，會議期間雪佛蘭汽車公司的公關經理威廉先生講了一個故事。

威廉說，有一次他想買幢房子，找了一位房地產商。這個地產商可謂聰明絕頂。他先和威廉閒聊，不久他就摸清了威廉想付的佣金，還知道了威廉想買一幢帶樹林的房子。然後，他開車帶著威廉來到一所房子的後院。這幢房子很漂亮，緊挨著一片樹林。他對威廉說：「看看院子裡這些樹吧，一共有18棵呢！」威廉誇了幾句那些樹，開始問房子的價格，地產商回答道：「價格是個未知數。」威廉一再問價格，可那個商人總是含糊其辭。威廉先生一問到價格，那個商人就開始數那些樹「一棵、兩棵、三棵」。最後威廉和那個房地產商成交了，價格自然不菲，因為有那18棵樹。

講完這個故事，威廉說：「這就是推銷！他聽我說，找到了我到底想要什麼，然後很聰明地向我做了推銷。」

只有知道了顧客真正想要的是什麼，你才能找到讓對手購買的致命點。好好把握，成功推銷很快就能實現了。

15分鐘內銷售25萬

貝特格說，每個人都是你的客戶，尊重每一個客戶，對不同的客戶要針對問題具體分析，適時製造緊張氣氛，如果有人情在，你的銷售就更容易成功了。

◆重視你的每一個顧客

一個炎熱的下午，有位穿著汗衫，滿身汗味的老農，伸手推開厚重的汽車展示中心玻璃門，他一進入，迎面立刻走來一位笑容可掬的汽車推銷員，很客氣地詢問老農夫：「老伯，我能為您做什麼嗎？」

老農夫有點不好意思地說：「不，只是外面天氣熱，我剛好路過這裡，想進來吹吹冷氣，馬上就走了。」

推銷員聽完後親切地說：「就是啊，今天實在很熱，氣象局說有34℃呢，您一定熱壞了，讓我幫您倒杯冰水吧。」接著便請老農坐在柔軟豪華的沙發上休息。

「可是，我們種田人衣服不太乾淨，怕會弄髒你們的沙發。」

推銷員邊倒水邊笑著說：「有什麼關係，沙發就是給客人坐的，否則，買它幹什麼？」

喝完冰涼的茶水，老農閒著沒事便走向展示中心內的新貨車東瞧瞧，西看看。

這時，推銷員又走了過來：「老伯，這款車很有力哦，要不要我幫您介紹一下？」

「不要！不要！」老農連忙說，「不要誤會了，我可沒有錢買，種田人也用不到這種車。」

「不買沒關係，以後有機會您還是可以幫我們介紹啊。」然後推銷員便詳細耐心地將貨車的性能逐一解說給老農聽。

聽完後，老農突然從口袋中拿出一張皺巴巴的白紙，交給這位汽車推銷員，並說：「這些是我要訂的車型和數量，請你幫我處理一下。」

推銷員有點詫異地接過來一看，這位老農一次要訂12輛貨車，連忙緊張地說：「老伯，您一下訂這麼多車，我們經理不在，我必須找他回來和您談，同時也要安排您先試車……」

老農這時語氣平穩地說：「不用找你們經理了，我本來是種田的，後來和人投資了貨運生意，需要進一批貨車，但我對車子外行，買車簡單，最擔心的是車子的售後服務及維修，因此我兒子教我用這個笨方法來試探每一家汽車公司。這幾天我走了好幾家，每當我穿著舊汗衫，進到汽車銷售行，同時表明我沒有錢買車時，常常會受到冷落，讓我有點難過……而只有你們公司知道我不是你們的客戶，還那麼熱心地接待我，為我服務，對於一個不是你們客戶的人尚且如此，更何況是成為你們的客戶……」

重視每一個客戶說起來很容易，可是做起來卻很難。推銷員每天面對那麼多人，況且人的情緒也有陰晴不定的時候。抓住每一位顧客的心很難，可是，只有你尊重你的每一位顧客，你才會有機會抓住盡可能多的顧客。

◆善於製造緊張氣氛

瑪麗．柯蒂奇是美國「21世紀米爾第一公司」的房地產經紀人，1993年，瑪麗的銷售額是2000萬美元，在全美國排名第四。下面是瑪麗的一個經典案例，她在30分鐘之內賣出了價值55萬美元的房子。

瑪麗的公司在佛羅里達州海濱，這裡位於美國的最南部，每年冬天，都有許多北方人來這裡度假。

1993年12月13日，瑪麗正在一處新轉到她名下的房屋裡參觀。當時，他們公司有幾個業務員與她在一起，參觀完這間房屋之後，他們還將去參觀別的房子。

就在他們在房屋裡進進出出的時候，看見一對夫婦也在參觀房子。這時，屋主對瑪麗說：「瑪麗，你看看他們，去和他們聊聊。」

「他們是誰？」

「我也不知道。起初我還以為他們是你們公司的人呢，因為你們進來的時候，他們也跟著進來了。後來我才看出，他們並不是。」

「好。」瑪麗走到那一對夫婦面前，露出微笑，伸出手說：

「嗨，我是瑪麗·柯蒂奇。」

「我是彼特，這是我太太陶絲。」那名男子回答，「我們在海邊散步，看見有房子可以參觀，就進來看看，我們不知道是否冒昧了？」

「非常歡迎。」瑪麗說，「我是這房子的經紀人。」

「我們的車子就放在門口。我們從西維吉尼亞來度假。過一會兒我們就要回家去了。」

「沒關係，你們一樣可以參觀這房子。」瑪麗說著，順手把一份資料遞給了彼特。

陶絲望著大海，對瑪麗說：「這兒真美！這兒真好！」

彼特說：「可是我們必須回去了，要回到冰天雪地裡去，真是一件令人難受的事情。」

他們在一起交談了幾分鐘，彼特掏出自己的名片遞給了瑪麗，說：「這是我的名片。我會打電活給你的。」

瑪麗正要掏出自己的名片給彼特時，忽然停下了手。「等等，我有一個好主意，我們為什麼不到我的辦公室談談呢？非常近，只要幾分鐘就能到。你們出門往右，過第一個紅綠燈，左轉……」

瑪麗不等他們回答好還是不好，就抄近路走到自己的車前，並對那一對夫婦喊：「辦公室見！」

車上坐了瑪麗的兩名同事，他們正等著瑪麗呢。瑪麗給他們講了剛才的事情。沒有人相信他們將在辦公室看見那對夫婦。

等他們的車子停穩，他們發現停車場上有一輛卡迪拉克轎車，車上裝滿了行李，車牌明明白白顯示出，這輛車來自西維吉尼亞！

在辦公室，彼特開始提出一系列的問題。

「這間房子出售多久了？」

「在別的經紀人名下6個月，但今天剛剛轉到我的名下。屋主現在降價求售。我想應該很快就會成交。」瑪麗回答。她看了看陶絲，然後盯著彼特說：「很快就會成交。」

這時候，陶絲說：「我們喜歡海邊的房子。這樣，我們就可經常到海邊散步了。」

「所以，你們早就想要一個海邊的家了！」

「嗯，彼特是股票經紀人，他的工作非常辛苦。我希望他能夠多休息休息，這就是我們每年都來佛羅里達的原因。」

「如果你們在這裡有一間自己的房子，就更會經常來這裡，並且還會更舒服一些。我認為，這樣一來，不但對你們的健康有利，你們的生活品質也將會大大提高。」

「我完全同意。」

說完這話，彼特就沉默了，他陷入了思考。瑪麗也不說話，她等著彼特開口。

「屋主是否堅持他的要價？」

「這房子會很快就賣掉的。」

「你為什麼這麼肯定？」

「因為這棟房子能夠眺望海景，並且，它剛剛降價。」

「可是，市場上的房子很多。」

「是很多。我相信你也看了很多。我想你也注意到了，這棟房子是很少擁有車庫的房子之一。你只要把車開進車庫，就等於回到了家。你只要登上樓梯，就可以喝上熱騰騰的咖啡。並且，這棟房子離幾個很好的餐館很近，走路幾分鐘就到。」

彼特考慮了一會兒，拿了一枝鉛筆在紙上寫了一個數字，遞給瑪麗：「這是我願意支付的價錢，一分錢都不能再多了。不用擔心付款的問題，我可以付現金。如果屋主願意接受，我會很高興。」

瑪麗一看，只比屋主的要價少一萬美元。

瑪麗說：「我需要你拿一萬美元作為定金。」

「沒問題。我馬上寫一張支票給你。」

「請你在這裡簽名。」瑪麗把合約遞給彼特。

整個交易的完成，從瑪麗見到這對夫婦，到簽好合約，時間還不到30分鐘！

適時的製造緊張氣氛，讓顧客覺得他的選擇絕對是十分正確的，如果現在不買，以後也就沒有機會了。你只要能激發客戶，讓他產生這樣的心情，不怕他不與你簽約。

◆利用人情這把利器

日本推銷專家甘道夫曾對378名推銷員做了如下調查：「推銷員訪問客戶時，是如何被拒絕的？」70％的人都沒有什麼明確的拒絕理由，只是單純地反感推銷員的打擾，隨便找個藉口就把推銷員打發走，可以說拒絕推銷的人之中有2／3以上的人在說謊。

作為一個推銷員，你可以仔細回顧一下你受到的拒絕，根據以往經驗把顧客的拒絕理由加以分析和歸類，結果會在很大程度上與上述統計數字接近。

一般人說了謊都會有一些良心不安，這是人之常情，也是問題的要害，抓住這個要害，就為你以後的推銷成功奠定了基礎。

顧客沒有明確的拒絕理由，便是「自欺欺人」，這就好比在其心上扎了一針，使良心不得安寧。假如推銷員能抓住這個要害，抱著「不賣商品賣人情」的信念，那麼，只要顧客接受你這份人情，就會買下你的商品，回報你的人情。

「人情」是推銷員推銷的利器，也是所有工商企業人士的利器，要想做成生意，少不了人情。

一位推銷員說起他的一次利用人情推銷成功的經驗：「我下決心黏住他不放，連續兩次靜靜地在他家門口等待，而且等了很長時間，第三天他讓我進門了。這個顧客買下了我的人情。生意成交後，他的太太不無感慨地說：『你來了，我說我先生不在，你卻說沒關係你等他，而且就在門口等，我們在家裡看著實在不好意思。』」這種人情推銷誰好意思拒絕呢？

好好利用人情這把利器，推銷時使用它，你一定能快刀斬亂麻，順利走向成交。

必須學會的銷售技巧

貝特格告訴我們銷售中也要學會欲擒故縱，出其不意等招數，利用各種資源為推銷鋪路，盡量從滿意的顧客處發展新的業務，不失時機的亮出你的底牌也是很關鍵的制勝之道。

◆欲擒故縱

在推銷生涯早期，推銷大師威爾克斯先生平時衣衫不整，就連領帶也是皺巴巴的。他當時的工資很少，佣金不多，除了供給家人衣食外，所剩無幾。但他卻告訴後來成為推銷大師的庫爾曼一個神奇的推銷技巧。

威爾克斯當時面臨的最大困難就是推銷失敗。與客戶第一次接觸後，他常常得到這樣的答覆：「你所說的我會考慮，請你下周再來。」到了下周，他準時去見客戶，得到的回答是：「我已仔細地考慮過你的建議，我想還是明年再談吧。」

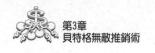

他感到十分沮喪。第一次見面時他已把話說盡，第二次會談時實在想不出還要說些什麼。有一天，他突發奇想，想到一個辦法。第二次會談竟然旗開得勝。

他把這個神奇的辦法告訴庫爾曼，庫爾曼將信將疑，但還是決定試一試。次日早晨，庫爾曼給一位建築商打電話，約了第二次會談的時間。此前一周，庫爾曼與他會談過，結果是兩周以後再說。

庫爾曼按照威爾克斯先生所講嚴格去做。會談之前，他把本該由客戶填的表格填好，包括姓名、住址、職業等。他還填好了客戶認可的保險金額，然後在客戶簽名欄做上重重的標記。

庫爾曼按時來到建築商的辦公室。秘書不在，門開著，可以看到建築商坐在桌前。他認出庫爾曼，說：「再見吧，我不想考慮你的建議。」

庫爾曼裝作沒聽見，大步走了過去。建築商堅定地說：「我現在不會買你的保險，你先把這事放一邊，過半年再來吧。」

在他說話的時候，庫爾曼一邊走近他，一邊拿出早已準備好的表格，把表格不由分說地放在他面前。按照威爾克斯先生的指導，庫爾曼說：「這樣可以吧，先生？」

他不由自主地瞥了一眼表格。庫爾曼趁機拿出鋼筆，平靜地等著。

「這是一份申請表嗎？」他抬頭問道。

「不是。」

「明明是，為什麼說不是？」

「在您簽名之前算不上一份申請表。」說著庫爾曼把鋼筆遞給他，用手指著做出標記的地方。

真如威爾克斯先生所說，他下意識地接過筆，更加認真地看著表格，後來慢慢地起身，一邊看一邊踱到窗前，一連5分鐘，室內悄無聲息。最後，他回到桌前，一邊拿筆簽名，一邊說：「我最好還是簽個名吧，如果以後真有麻煩呢。」

「您願意繳半年呢，還是繳一年？」庫爾曼抑制著內心的激動。

「一年多少錢？」

「只有500美元。」

「那就繳一年吧。」

當他把支票和鋼筆同時遞過來時，庫爾曼激動得差點跳起來。

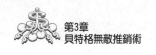

欲擒故縱還有一種表現形式就是在和顧客談生意的時候不要太心急，如果太心急，只會引起顧客的不信任，把握好結束推銷的方法也是促成成交的一種手法。

有一天，一名推銷員在一個城市兜售一種炊具。他敲了公園巡邏員凱特先生家的門，凱特的妻子開門請推銷員進去。凱特太太說：「我的先生和隔壁的華安先生正在後院，不過，我和華安太太願意看看你的炊具。」推銷員說：「請你們的丈夫也到屋子裡來吧！我保證，他們也會喜歡我對產品的介紹。」於是，兩位太太「硬逼」著她們的丈夫也進來了。推銷員做了一次極其認真的烹調表演。他用他所要推銷的那一套炊具，用文火不加水煮蘋果，然後又用凱特太太家的炊具煮。這給兩對夫婦留下深刻的印象。但是男人們顯然裝出一副毫無興趣的樣子。

一般的推銷員，看到兩位主婦有買的意思，一定會趁熱打鐵，鼓動她們買。如果那樣，還真不一定能推銷出去，因為越是容易得到的東西，人們往往覺得它沒有什麼珍貴的，而得不到的才是好東西。聰明的推銷員深知人們的心理，他決定用「欲擒故縱」的推銷術。他洗淨炊具，包裝起來，放回到樣品盒裡，然後對兩對夫婦說：「嗯，多謝你們讓我做了這次表演。我很希望能夠在今天向你們提供炊具，但今天我只帶了樣品，你們過一陣子再買吧。」說著，推銷員起身準備離去。這時兩位丈夫立刻對那套炊具表現出了極大的興趣，他們都站了起來，想要知道什麼時候能買得到。

凱特先生說：「請問，現在能向你購買嗎？我現在確實有點喜歡那套炊具了。」

華安先生也說道：「是啊，你現在能提供貨品嗎？」

推銷員真誠地說：「兩位先生，實在抱歉，我今天確實只帶了樣品，而且什麼時候發貨，我也無法知道確切的日期。不過請你們放心，等能發貨時，我一定把你們的要求放在心裡。」

凱特先生堅持說：「唷，也許你會把我們忘了，誰知道啊？」

這時，推銷員感到時機已到，就自然而然地提到了訂貨事宜。

於是，推銷員說：「噢，也許……為保險起見，你們最好還是付定金買一套吧。一旦公司能發貨就給你們送來。這可能要等待一個月，甚至可能要兩個月。」

適時吊吊客戶的胃口，人們往往鍾愛得不到的東西，聰明的推銷員都會使用這一方法，但是在你沒有把握的時候千萬不要使用，否則，就會弄巧成拙。

◆亮出自己的底牌

曾經有一位動物學家發現，狼攻擊對手時，對手若是腹部朝天，表示投降，狼就停止攻擊。為了證實這一點，這位科學家躺到狼面前，手腳伸展，袒露腹部。果然，狼只是聞了他幾下，就走開了。這位科學家沒有被咬死，但「差點被嚇死」。

秦朝末年，謀士陳平有一次坐船過河，船夫見他白淨高大，衣著光鮮，便不懷好意地瞄著他。陳平見狀，就把上衣脫下，光著膀子去幫船夫搖櫓。船夫看到他身上沒什麼財物，便打消了惡念。

袒露不易，之所以不易，一方面是因為需要極大的勇氣和超絕的智慧，另一方面是因為要找準對象。如果對一條狗或一個傻船夫玩袒露的把戲，後果還用說嗎？

日常推銷工作中，常常可能遇到一些固執的客戶，這些人脾氣古怪而執拗，對什麼都聽不進，始終堅持自己的主張。面對這種執迷不悟的情況，推銷員千萬不要喪失信心，草草收兵，只要仍存一絲希望，就要做出最後的努力。一般來說，這種最後的努力還是開誠佈公的好，索性把牌攤開來打。這種以誠相待的推銷手法能夠修補已經破裂的成交氣氛，當面攤牌則可能使客戶重新發生注意和興趣。

有位推銷員很善於揣摩客戶的心理活動，一次上門訪問，他碰到一位平日十分苛刻的商人，按照常規對方會把自己拒之門外的。這位推銷員靈機一動，仔細分析了雙方的具體情況，想出一條推銷妙計，然後登門求見那位客戶。

雙方一見面，還沒等坐定，推銷員便很有禮貌地說：「我早知道你是個很有主見的人，對我今天上門拜訪你肯定會提出不少異議，我很想聽聽你的高見。」他一邊說著，一邊把事先準備好的18張紙卡攤在客戶的面前，「請隨便抽一張吧！」對方從推銷員手中隨意抽出一張紙片，見卡片上寫的正是客戶對推銷產品所提的異議。

當客戶把18張寫有客戶異議的卡片逐一讀完之後，推銷員接著說道：「請你再把卡片紙反過來讀一遍，原來每張紙片的背後都標明了推銷員對每條異議的辯解理由。」客戶一言未發，認真看完了紙片上的每行字，最後忍不住露出了平時少見的微笑。面對這位辦事認真又經驗老練的推銷員，客戶開口了：「我認了，請開個價吧！」

攤開底牌是一種非常微妙的計謀，不像其他一些計謀那樣可以經常使用，除非你決心一直以坦蕩、誠實、胸無城府的形象出現，但這幾乎是不可能的。因此，偶爾用一次就夠了，可一而不可再。尤其注意不要在同一個人面前反覆使用，對方會想：這傢伙怎麼老沒什麼長進啊？偶爾為之，下不為例。

如何確保顧客的信任

貝特格說：「贏得客戶的信任，你才能源源不斷地得到客戶，只有保證顧客對你的信任，你才能穩住你的老客戶。」

◆首先要贏得顧客的信任

愛麗絲長得很漂亮，從事推銷工作沒多久時間。她知道電話推銷是最快捷最經濟的推銷方式之一，也知道打電話的技巧和方法。她幾乎用60％的時間去打電話，約訪顧客。她努力去做了，可遺憾的是業績還是不夠理想。

她自認為自己的聲音柔美、態度誠懇、談吐優雅，可就是約訪不到顧客。

一天，她心生一計。她想到打電話最大的弊端是看不到對方的人，不知道對方長什麼樣子，缺乏信賴感。為什麼不想方設法讓對方看到自己呢？

於是，她從影集裡找出一張最具美感最具信賴感的照片，然後把照片掃描到電腦裡去，以電子郵件的形式發給顧客，當然會加一些文字介紹。同時，她又把照片透過手機發到不方便接收電子郵件的顧客手機上去。

一般情況下，她打電話給顧客之前，先要告訴對方剛才收到的郵件或簡訊上的照片就是她。當顧客打開郵件或簡訊看到她美麗的照片時，感覺立即就不一樣。對她多了幾分親近，多了幾分信賴。從此，她的業績扶搖直上。

贏得顧客的信任，你才能成功的完成銷售工作。如果你不能獲得顧客的信任，怎麼能讓人和你成交呢？顧客買你的產品，同時買的也是對你的信任。

貝特格認識一位客戶，她是一位個性孤僻的小老太太。她對任何陌生人都持有戒心，之所以同意與貝特格見面純粹是因為她的律師做了引薦。

她一個人住，對任何一個她不認識的人都不放心。貝特格在路上時，打了一通電話到她家裡，然後抵達時又打了一通電話。她告訴貝特格律師還未到，不過她可以先和他談談。這是因為之前貝特格和她說了幾次話，讓她放鬆了下來。當這位律師真正到來時，他的在場已經變得無關緊要了。

貝特格第二次見到這位準客戶時，發現她因為什麼事情而心神不寧。原來，她申請了一部「急救電話」，這樣當她有病時，就可以尋求到幫助。社會保障部門已經批准了她的申請，但一直沒有安裝。貝特格馬上打電話給社會保障部門，當天下午就裝好了這部「急救電話」，貝特格一直在她家裡守候到整件事情做完。

從那時起，這位客戶對貝特格言聽計從——給予了他徹底的信任，因為貝特格看到了困擾她的真正事情。現在，她相信貝特格有能力照看她的欲求和需要。這個「額外」的幫忙好像使得貝特格的投資建議幾乎變得多餘。這些投資建議是貝特格當初出現在她面前的主要原因，雖然那時她對此並無多大興趣。貝特格說：

「信任有許多源頭。有時候，它賴以建立的物質基礎和你的商業的建議沒有任何關係，而是因為你——作為一名推銷員——做了一些額外的小事。恰恰是這點小事，可以為你帶來意想不到的收穫。」

得到別人如此的信任也是一份不小的榮耀。想必很多人都有這麼一個體會：信任會因最奇怪的事情建立，也會被最無關緊要的事情摧毀。忠誠會帶來明日的生意和高度的工作滿足感。

人們購買的是對你的信任，而非產品或服務。一個推銷員所擁有價值最高的東西是客戶的信任。成功的推銷員是感情的交流，而不只是商品。

◆取得客戶信任的方法

多年來，推銷大師貝特格經手了很多保險合約，投保人在保險單上簽字。他都複印一份，放在資料夾裡，他相信，那些資料對新客戶一定有很強的說服力。

與客戶的會談末尾，他會補充說：「先生，我很希望您能買這份保險。也許我的話有失偏頗，您可以與一位和我的推銷完全無關的人談一談。能借用電話嗎？」然後，他會接通一位「證人」的電話，讓客戶與「證人」交談。「證人」是他從複印資料裡挑出來的，可能是客戶的朋友或鄰居。有時兩人相隔很遠，就要打長途電話，但效果更好。

初次嘗試時他擔心客戶會拒絕，但這事從沒發生。相反，他們非常樂於和「證人」交談。無獨有偶，一個朋友也講了他的類似經歷。他去買電烤爐，產品介紹像雪片一樣飛來，他該選誰？

其中有一份因文字特別而吸引了他：「這裡有一份我們的客戶名單，您的鄰居就用我們的烤爐，您可以打電話問問，他們非常喜歡我們的產品。」朋友就打了電話，鄰居都說好。自然，他買了那家公司的烤爐。

取得客戶的信任有很多種方法，現代行銷充滿競爭，產品的價格、品質和服務的差異已經變得越來越小。推銷人員也逐步意識到競爭核心正聚焦於自身，懂得「推銷產品，首先要推銷自我」的道理。要「推銷自我」，首先必須贏得客戶的信任，沒有客戶信任，就沒有展示自身才華的機會，更無從談起贏得銷售成功的結果。要想取得客戶的信任，可以從以下幾個方面去努力。

自信＋專業

但我們也應該認識到，在推銷人員必須具備自信的同時，一味強調自信心顯然又是不夠的，因為自信的表現和發揮需要一定的基礎——「專業」。也就是說，當你和客戶交往時，你對交流內容的理解應該力求有「專家」的認識深度，這樣讓客戶在和你溝通中每次都有所收穫，進而拉近距離，提升信任度。另一方面，自身專業素養的不斷提高，也將有助於自信心的進一步強化，形成良性循環。

坦承細微不足

「金無足赤，人無完人」是至理名言，而現實中的推銷人員往往有悖於此，面對客戶經常造就「超人」形象，極力掩飾自身的不足，對客戶提出的問題和建議幾乎全部應承，很少說「不行」或「不能」的言語。從表象來看，似乎你的完美將給客戶留下信任；但殊不知人畢竟還是現實的，都會有或大或小的毛病，不可能做到面面俱美，你的「完美」宣言恰恰在宣告你的「不真實」。

幫客戶買，讓客戶選

推銷人員在詳盡闡述自身優勢後，不要急於單方面下結論，而是建議客戶多方面瞭解其他訊息，並申明：相信客戶經過客觀評價後會做出正確選擇的。這樣的溝通方式能讓客戶感覺到他是擁有主動選擇權利的，和你的溝通是輕鬆的，體會我們所做的一切是幫助他更多地瞭解資訊，並能自主做出購買決策。從而讓我們和客戶擁有更多的溝通機會，最終建立緊密和信任的關係。

成功案例，強化信心保證

許多企業的銷售資料中都有一定篇幅介紹本公司的典型客戶，推銷人員應該積極借助企業的成功案例，消除客戶的疑慮，贏得客戶的信任。在借用成功案例向新客戶做宣傳時，不應只是介紹老客戶名稱，還應有盡量詳細的其他客戶資料和資訊，如，公司背景、產品使用情況、聯繫部門、相關人員、聯絡電話及其他說明等，單純告知案例名稱而不能提供具體細節的情況，會給客戶留下諸多疑問。比如，懷疑你所介紹的成功案例是虛假的，甚至根本就不存在。所以細緻介紹成功案例，準確答覆客戶詢問非常重要，善用成功案例能在你建立客戶信任工作上發揮重要作用——「事實勝於雄辯」。

讓人們願意和你交流

貝特格認為，不同的人有不同的性格，對待不同的人，要有不同的方法。交流是很重要的，推銷員和客戶如果沒有交流，就不會有成交這一刻。

◆事先調查，瞭解對方性格

有一天，貝特格訪問某公司總經理。

貝特格拜訪客戶有一條規則，就是一定會做周密的調查。根據調查顯示，這位總經理是個「自高自大」型的人，脾氣很怪，沒有什麼愛好。

這是一般推銷員最難對付的人物，不過對這一類人物，貝特格倒是胸有成竹，自有妙計。

貝特格首先向櫃檯小姐自報家門：「您好，我是貝特格，已經跟貴公司的總經理約好了，麻煩您通知一聲。」

「好的，請等一下。」

接著，貝特格被帶到總經理室。總經理正背著門坐在主管椅上看文件。過了好一會，他才轉過身，看了貝特格一眼，又轉身看他的文件。

就在眼光接觸的那一瞬間，貝特格有種講不出的難受。

忽然，貝特格大聲地說：「總經理，您好，我是貝特格，今天打擾您了，我改天再來拜訪。」

總經理轉身愣住了。

「你說什麼？」

「我告辭了，再見。」

總經理顯得有點驚慌失措。貝特格站在門口，轉身說：「是這樣的，剛才我對櫃檯小姐說給我一分鐘的時間讓我拜訪總經理，如今已完成任務，所以向您告辭，謝謝您，改天再來拜訪您。再見。」

走出總經理室，貝特格早已渾身是汗。

過了兩天，貝特格又硬著頭皮去做第二次拜訪。

「嘿，你又來啦，前幾天怎麼一來就走了呢？你這個人滿有趣的。」

「啊，那一天打擾您了，我早該來向您請教……」

「請坐，不要客氣。」

由於貝特格採用「一來就走」的妙招，這位「不可一世」的準客戶比上次乖多了。事先瞭解你的客戶，做了充分調查以後，根據客戶的性格特點，制訂相應的銷售策略，讓人們願意和你交流。如果魯莽行事，後果會很糟糕。

◆推銷員要練就好口才

推銷員的武器是語言，工欲善其事，必先利其器。一個推銷員如果沒有良好的語言功底，是不可能取得推銷的成績的。

一句話，十樣說，就看怎麼去琢磨。向客戶介紹自己的產品或在商務談判時，遣詞造句是很重要的，它關係著訂單簽還是不簽。

缺乏經驗的推銷員們似乎並不明白遣詞造句所能產生的力量。他們往往對自己的話隨意發揮，不是很講究語言的藝術。

推銷員在措辭方面應該注意，他們有時所使用的詞語確實沒有太多的價值，甚至對於整個推銷過程是十分有害的。

在實際推銷中，很多平庸的推銷員都是憑個人的直覺進行推銷，對如何說話更能達到洽談目的，更能說服顧客並不在意，也很少考慮。但恰恰語言上這些看似微不足道的細節卻正是阻礙洽談成功的重要因素。平庸的推銷員在洽談時經常出現錯誤的談話方式。

平庸的推銷員洽談時常用以「我」為中心的詞句，不利於與顧客發展正常關係，洽談氣氛冷淡，洽談成功率低。

聰明的推銷員應該多使用「您」字。總之，推銷員應該仔細推敲自己的遣詞造句，做到對自己的說話方式和技巧有獨到的把握，這是成為優秀的推銷員的必備條件之一。

◆努力克服怯場心理

幾乎所有的藝術表演者都怯過場，在出場前都有相同的心理恐懼：一切會正常無誤嗎？我會不會漏詞，忘表情？我能讓觀眾喜歡嗎？

貝特格從事推銷的頭一年得到的收入相當微薄，因此他只得兼職擔任史瓦莫爾大學棒球隊的教練。有一天，他突然收到一封邀請函，邀請他演講有關「生活、人格、運動員精神」的題目，可是當時他連面對一個人說話時都無法表達清楚，更別說面對一百位聽眾說話了。

由此貝特格認識到，只有先克服和陌生人說話時的膽怯與恐懼才能有成就，第二天，他向一個社團組織求教，最後得到很大進步。

這次演講對貝特格而言是一項空前的成就，它使貝特格克服了懦弱的性格。

推銷員的感覺基本上與他們完全一樣。無論你稱之為怯場、放不開還是害怕，不少推銷員很難坦然、輕鬆地面對客戶，很多推銷員會在最後簽合約的緊要關頭突然緊張害怕起來，不少生意就這麼被毀了。

從打電話約見面談時開始，一直到令人滿意簽下合約，這條路一直充滿驚險。沒有人喜歡被趕走，沒有人願意遭受打擊，沒有人喜歡當「不靈光」的失意人。

有一些推銷員，在與客戶協商過程中，目標明確，手段靈活，直至簽約前都一帆風順，結果在關鍵時刻失去了獲得工作成果和引導客戶簽約的勇氣。

你會突然產生這種恐懼嗎？這其實是害怕自己犯錯，害怕被客戶發覺錯誤，害怕丟掉渴望已久的訂單。恐懼感一佔上風，所有致力於目標的專注心志就會潰散無蹤。

在簽約的決定性時刻，在整套推銷魔法正該大展魅力的時刻，很多推銷員卻失去了勇氣和掌控能力，忘了他們是推銷員。

在這個時刻，他們卻像等待發成績單的小學生，心裡只有聽天由命似的期盼：也許我命好，不至於不及格吧。

推銷員的心情就此完全改觀。前幾分鐘他還充滿信心，情緒高昂，但現在卻毫無把握，信心全無了。這種情況，通常都是以丟了生意收場。

客戶會突然間感覺到推銷員的不穩定心緒，並藉機提出某種異議，或乾脆拒絕這筆生意。推銷員大失所望，身心疲憊，腦子裡只有一個念頭：快快離開客戶，然後心裡沮喪得要死。

如何避免這種狀況發生呢？無疑只有完全靠內心的自我調節，這種自我調節要基於以下考慮：就好像推銷員的商品能夠解決客戶的問題一樣，優秀的推銷員應該能幫助客戶做出正確的決定。

推銷員其實是個幫助人的好角色——那他有什麼好害怕的呢？簽訂合約這個推銷努力的輝煌結果，不能被視為（推銷員的）勝利，或者（客戶的）失敗，反過來也是一樣，無所謂勝或敗，毋寧說是雙方都希望達到的一個共同目標，而推銷員和客戶，本來就不是對立的南北兩極。

請你暫且充當一下推銷高手的角色吧，我們這樣畫一張圖：

你牽著客戶的手，和他一起走向簽約之路，帶他去簽約。客戶會覺得你親切體貼，而他的感激正是對你最好的鼓舞！

在途中，客戶幾乎連路都不用看（他是被人引導的嘛），只顧著欣賞你帶他走過的美妙風景，而你卻以親切動人的體貼心情一路為他指引解說。

遊園之後，客戶會自動與你簽約並滿懷感激地向你道別。因為，達到目的，正是他一心嚮往的，何況這趟郊遊之旅又是如此美妙！

有沒有發覺在這裡為什麼要為你描述這麼一幅美好和諧的景象？因為，你把它轉化到內心深處，就一定能毫無畏懼的和客戶周旋！

其實，你只要打定主意在整個事件中扮演嚮導的角色就對了。在推銷商談的一開始，你要抓住客戶的手，一路引他走到目的地。

只有你知道帶客戶走哪一條路最好——而到達目的地時，你要適時說聲：「我們到了！」在途中，你有的是時間幫客戶的忙！因此他會感激你！

正如你已經瞭解的道理：消極的暗示（如我不害怕）通常不會產生正面的影響力。相反，上面那樣一幅正面的、無憂無懼的圖像，才會被你的潛意識高高興興地接納吸收，並且加以強化！

而你這位伸出援助之手的人，就當然不會害怕面對客戶，一定是信心十足地請客戶做決定——拿到你的合約。

推銷員的推銷成績與推銷次數成正比，持久推銷的最好方法是「逐戶推銷」，推銷的原則在於「每戶必訪」。但是，並不是每一個推銷員都能做到這一點。

「我家的生活水準簡直無法與此相比」，面對比自己更有能力、比自己更富有、比自己更有本領的人而表現出的自卑感，使某些推銷員把「每戶必訪」的原則變為「視戶而訪」。他們甩過的都是什麼樣的門戶呢？就是在心理上要躲開那些令人望而生畏的門戶，而只去敲易於接近的客戶的門。這種心理正是使「每戶必訪」的原則一下子徹底崩潰的元兇。

莎士比亞說：「如此猶豫不決，前思後想的心理就是對自己的背叛，一個人如若懼怕『試試看』的話，他就把握不了自己的一生。」

因此，遇到難訪門戶不繞行，不逃避，挨家挨戶地推銷，戰勝自己的畏懼心理，推銷的前景才會一片光明。

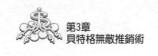

不要害怕失敗

失敗離成功很近，不要害怕失敗，要努力挖掘成功潛力，從失敗中得到的教訓，這是最寶貴的資源。也是貝特格無敵推銷術的第七點。

◆用積極心態面對失敗

美國推銷員協會曾經做過一次調查研究，結果發現：80％銷售成功的個案，是推銷員連續5次以上的拜訪達成的。這證明了推銷員不斷地挑戰失敗是推銷成功的先決條件。48％的推銷員經常在第一次拜訪之後，便放棄了繼續推銷的意志。25％的推銷員，拜訪了兩次之後，也打退堂鼓了。12％的推銷員，拜訪了三次之後，也退卻了。5％的推銷員，在拜訪過四次之後放棄了。僅有1％的推銷員鍥而不捨，一而再、再而三地繼續登門拜訪，結果他們的業績占了全部銷售的80％。

推銷員所要面對的拒絕是經常性的，這需要每一位從業人員，擁有積極的心態和正確面對失敗的觀念，

一個人的心理會對他的行為產生微妙的作用，當你有負面的心態時，你所表現出來的行為多半也是負面與消極的。如果你真的想將推銷工作當作你的事業，首先必須先擁有正面的心態。因此，不要再用「我辦不到」這句話來作為你的藉口，而要開始付諸行動，告訴自己「我辦得到」。

只要你在從事推銷工作，無論時間長短，經驗多少，失敗都是不可避免的。但是，同樣是經歷風雨，有的人可以獲得最後的成功，有的人卻一事無成。因為，問題不在於失敗，而在於對失敗的態度。有些業務人員一次失敗，就覺得是自己無能的象徵，把失敗記錄看成是自己能力低下的證明。這種態度才是真正的失敗。

如果害怕失敗而不敢有所動作，那就是在一開始就放棄了任何成功的可能。當你面對失敗的時候，是否可以像林肯那樣，記住，勇敢的戰士是屢敗屢戰，只有註定一生無成的人，才會屢戰屢敗。

◆從失敗中找到成功的希望

在沙漠裡，有5隻駱駝吃力地行走，牠們與主人帶領的10隻駱駝走散了，前面除了黃

沙還是黃沙，一片茫茫，牠們只能憑著最有經驗的那隻老駱駝的感覺往前走。

不一會兒，從牠們的右側方向走出1隻精疲力竭的駱駝。原來牠是一周前就走散的另1隻駱駝。另外4隻駱駝輕蔑地說：「看樣子牠也不是很精明啊，還不如我們呢！」

「是啊，是啊，別理牠！免得拖累咱們！」

「咱們就裝作沒看見，牠對我們可沒有什麼幫助！」

「看那灰頭土臉的樣子……」

這4隻駱駝你一言我一語，都想避開路遇的這隻駱駝。老駱駝終於開腔了：「牠對我們會很有幫助的！」

老駱駝熱情地招呼那隻落魄的駱駝過來，對牠說道：「雖然你也迷路了，境遇比我們好不到哪裡去，但是我相信你知道往哪個方向是錯誤的。這就足夠了，和我們一起上路吧！有你的幫助我們會成功的！」

我們當然可以嘲笑別人的失敗，但如果我們能從別人的失誤中提供機遇，從別人的失敗中學習經驗，那是最好不過了。把別人的失敗當成對自己的大聲忠告，這非常有利於自己的成長。

遭遇拒絕、遭遇失敗是人之常情，世上並沒有常勝不敗的將軍。遭遇拒絕、遭遇失敗的原因無非是自己還有缺陷，誰不希望得到完美的東西而會去希求有缺陷的東西呢？當然世上也不可能有毫無缺陷的東西，但是我們應盡量地完善自己，把自己完善到足以讓人接受、使人認同的程度。這樣，即使遇到困難也能克服，遇到關卡也能越過，也就不至於在遇到挫折時使自己陷入困境不能自拔了。

因此，要想讓別人接受你、讚許你，要想成功，你就不能害怕困難和挫折，不能害怕別人的拒絕。相反，你要把拒絕當作你的勵志之石，當成你不斷完善，走向成功的動力。但是，在現實生活中並非所有的人都懂得這些道理。因此，他們在遇到困難挫折時就採取了完全不同的態度。

高爾文是個身強力壯的愛爾蘭農家子弟，充滿進取精神。13歲時，他見到別的孩子在火車站月臺上賣爆玉米花賺錢，也一頭闖了進去。但是，他不懂得，早占住地盤的孩子們並不歡迎有人來競爭。為了幫他懂得這個道理，他們無情地搶走了他的爆玉米花，並把它們全部倒在街上。

第一次世界大戰以後，高爾文從部隊復員回家，他又雄心勃勃地在威斯康辛辦起了一家公司。可是無論他怎麼賣力推銷，產品始終打不開銷路。有一天，高爾文離開廠房去吃午餐，回來只見大門被上了鎖，公司被查封，高爾文甚至不能進去取出他掛在衣架上的大衣。高爾文並沒有氣餒，積極尋找著下一次機會。

1926年他又跟人合夥做起收音機生意來。當時，全美國估計有3000台收音機，預計兩年後將會擴大100倍。但這些收音機都是用電池作能源的。於是他們想發明一種燈絲電源整流器來代替電池。這個想法本身不錯，但產品卻仍打不開銷路。眼看生意一天天走下坡，他們似乎又要停業關門了。高爾文透過郵購銷售的辦法招徠了大批客戶。他手裡一有了錢，就辦起專門製造整流器和交流電真空管收音機的公司。可是不到3年，高爾文又破了產。此時他已陷入絕境，只剩下最後一個掙扎的機會了。當時他一心想把收音機裝到汽車上，但有許多技術上的困難有待克服。到1930年底，他的製造廠的帳面上竟欠了374萬美元。在一個周末的晚上，他回到家中，妻子正等著他拿錢來買食物、繳房租，可他摸遍全身只有24塊錢，而且全是賒來的。

然而，經過多年的不懈奮鬥，如今的高爾文早已腰纏萬貫，他蓋起的豪宅就是用他的第一部汽車收音機的牌子命名的。

可以說，在困難面前沒有失敗就沒有成功，失敗是成功之母！只遭遇一次失敗就失去信念，就不去挑戰困難，實際上就等於放棄了人生成功的機會，殊不知機會就隱藏在失敗背後。你戰勝的困難越多，你人生成功的機會也就越多。這就如同淘金一樣，淘掉的沙子越多，得到的金子也就越多。沙子的多少與金子的多少是成正比的，失敗與成功的關係就如同沙子與金子的關係。

再讓我們看一看在遭遇失敗後，那些往後退縮的人都損失了些什麼。從前面所舉的行銷的例子可以看出，那些人只不過是多走了些路、多說了些話而已，他們雖然沒有把產品賣出去，但產品仍在他們手中，他們的產品並沒有因此而貶值或有什麼損失。

貝特格指出，要成功，首先不要畏懼困難，不要讓困難把你的心態摧垮。其次，要成功還得正視困難，研究困難，從戰勝困難中總結經驗教訓，透過困難磨練自己的意志品格，練就一身戰勝困難的本領。

第4章

陶德·鄧肯銷售冠軍的法則

陶德·鄧肯（Todd Duncan）教你擁有成為一名銷售領袖所必須具備的工具，這就是經過無數推銷員實踐檢驗的八大高誠信銷售法則。陶德·鄧肯的這些法則都是為了用更少的時間和更輕鬆的心情去賺更多的錢。

排練法則——排練好銷售這幕劇

陶德．鄧肯認為，決定銷售成敗的因素很多，在銷售前充分考慮好各方面的情況，排練好銷售這幕劇至關重要。

◆銷售盡量讓氣氛融洽

在推銷洽談的時候，氣氛是相當重要的，它關係到交易的成敗。只有當推銷員與顧客之間感情融洽時，才可以在和諧的洽談氣氛中推銷商品。推銷員把顧客的心與自己的心相通稱為「溝通」。即使是初次見面的人，也可以由性格、感情的緣故而「溝通」。

那麼怎樣才能創造融洽的氣氛呢？要注意的地方很多，比如時間、地點、場合、環境等等。但最重要的一點是：推銷員應當處處為顧客著想。

年輕氣盛沒有經驗的推銷員在向顧客推銷產品時，往往不願傾聽顧客的意見，自以為是，盛氣凌人，不斷地和顧客爭論，這種爭論又往往發展成為爭吵，因而妨礙了推銷的進展。要知道，在爭吵中擊敗客戶的推銷員往往會失去達成交易的機會。推銷員不是靠和顧客爭論來贏得顧客。同時，推銷員也知道，顧客要是在爭論中輸給推銷員，就沒有興趣購買推銷員的產品了。

沒有人喜歡那些自以為是的人，更不會喜歡那些自以為是的推銷員。推銷員對那些自作聰明者的不友好的建議很反感，就是那些友好的建議，只要它不符合推銷員的願望，有時推銷員也同樣會感到很反感。所以，有些推銷員總是願意和顧客進行激烈的爭論。可能他們忘記了這樣一條規則：當某一個人不願意被別人說服的時候，任何人也說服不了他，更何況是要他掏腰包。

陶德·鄧肯告訴我們，要改變顧客的某些看法，推銷員首先必須使顧客意識到改變看法的必要性，讓顧客知道你是在為他著想，為他的利益考慮。改變顧客的看法，要透過間接的方法，而不應該直接地影響顧客。要使顧客覺得是他們自己在改變自己的看法，而不是其他人或外部因素強迫他們改變看法。在推銷洽談開始的時候，要避免討論那些有分歧意見的問題，著重強調雙方看法一致的問題。要盡量縮小雙方存在的意見分歧，讓顧客意識到你同意他的看法，理解他提出的觀點。這樣，洽談的雙方才會有共同的話題，洽談的氣氛才會融洽。

應當盡量贊同顧客的看法。因為你越同意顧客的看法，他對你的印象就越深，推銷洽談的氣氛就對你越有利。如果你為顧客著想，顧客也就能比較容易地接受你的建議。有時候必要的妥協有助於彼此互相遷就，有助於加強雙方的聯繫。推銷員不應過多地考慮個人的聲譽問題，一個過分擔心自己的聲譽受到損害的推銷員很快就不得不擔心他的推銷。

在推銷洽談中即使在不利的情況下也應該努力保持鎮靜。當顧客說推銷員準備向他兜售什麼無用的笨貨的時候，應當友好地對他笑一笑，並且說：「無用的笨貨？我怎麼會推銷那些東西呢？特別是我怎麼能向您這樣精明的顧客推銷那些東西呢？我為什麼要和您開那樣的玩笑呢？您想一想，還有什麼比我們之間的友誼更重要？」

有時候，推銷洽談會出現僵局，雙方都堅持己見，相持不下。如果出現這種情況，明智的推銷員會設法緩和洽談的氣氛，或者改變洽談的話題，甚至把洽談中斷，待以後再進行。總之，絕不在氣氛不佳的情況下進行洽談。

陶德·鄧肯認為在空間上和客戶站在同一個高度是使氣氛融洽的很好的一個方法。回想一下你被上級叫去，面對面地站著講話的情景，大概就可以體會到那種使人發窘的氣氛。人是在無意識中受氣氛支配的，最能說明問題的事例便是日本的SF經營方法。其方法是等顧客多起來後，運用獨特的語言向人們發起進攻，讓人覺得如失去這次機會，就不可能在如此優越的條件下買到如此好的東西，抱有此種觀點的顧客事後都發現「糊裡糊塗地就買了」。這種人太多了。

再次推銷時，常常要說「對不起，能否借把椅子坐？」若不是過於拙笨是絕不會被拒絕的。如一邊說著「科長前幾天談到的那件事……」，一邊靠近對方身體，從而進入了同等的「勢力範圍」，這樣做既能從共同的方向一起看資料，又能形成親密氣氛。不久，顧客本人也較快地意識到並增添了雙方的親密感。

空間上的恰當位置是促進人與人之間關係的輔助手段，是非常重要且絕不可忽視的手段。

◆學會讓顧客盡量說是

世界著名推銷大師陶德．鄧肯在推銷時，總愛向客戶問一些主觀答「是」的問題。他發現這種方法很管用，當他問過五六個問題，並且客戶都答了「是」，再繼續問其他關於購買方面的知識，客戶仍然會點頭，這個慣性一直保持到成交。

陶德．鄧肯起初搞不清裡面的原因，當他讀過心理學上的「慣性」後，終於明白了，原來是慣性化的心理使然。他急忙請了一個內行的心理學專家為自己設計了一連串的問題，而且每一個問題都讓自己的準客戶答「是」。利用這種方法，陶德．鄧肯締結了很多大額保單。

優秀的推銷員卻可以讓顧客的疑慮通通消失，秘訣就是盡量避免談論讓對方說「不」的問題。而在談話之初，就要讓他說出「是」。銷售時，剛開始的那幾句話是很重要的，例如，

「有人在家嗎？……我是××汽車公司派來的。是為了轎車的事情前來拜訪的……」「轎車？對不起，現在手頭緊得很，還不到買的時候。」

很顯然，對方的答覆是「不」。而一旦客戶說出「不」後，要使他改為「是」就很困難了。因此，在拜訪客戶之前，首先就要準備好讓對方說出「是」的話題。

關鍵是想辦法得到對方的第一句「是」。這句本身，雖然不具有太大意義，但卻是整個銷售過程的關鍵。

「那你一定知道，有車庫比較容易保養車子嘍？」除非對方存心和你過意不去。否則，他必須會同意你的看法。這麼一來，你不就得到第二句「是」了嗎？

優秀的推銷員一開始和客戶會面，就留意向客戶做些對商品的肯定暗示。

「夫人，你的家裡如裝飾上本公司的產品，那肯定會成為鄰里當中最漂亮的房子！」

當他認為已經到了探詢客戶購買意願的最好的時機，就這樣說：

「夫人，你剛搬入新建成的高級住宅區，難道不想買些本公司的商品，為你的新居增添幾分情趣嗎？」

優秀的推銷員在交易一開始時，利用這個方法給客戶一些暗示，客戶的態度就會變得積極起來。等到進入交易過程中，客戶雖對優秀的推銷員的暗示仍有印象，但已不認真留意了。當優秀的推銷員稍後再試探客戶的購買意願時，他可能會再度想起那個暗示，而且還會認為這是自己思考得來的呢！

客戶經過商談過程中長時間的討價還價，辦理成交又要經過一些瑣碎的手續，所有這些都會使得客戶在不知不覺中將優秀的推銷員預留給他的暗示，當作自己所獨創的想法，而忽略了它是來自於他人的巧妙暗示。因此，客戶的情緒受到鼓勵，定會更熱情地進行商談，直到與推銷員成交。

「我還要考慮考慮！」這個藉口也是可以避免的。一開始商談，就立即提醒對方應當機立斷就行了。

「你有目前的成就，我想，也是經歷過不少大風大浪吧！要是在某一個關頭稍微一疏忽，就可能沒有今天的你了，是不是？」不論是誰，只要他或她有一丁點成績，都不會否定上面的話。等對方同意甚至大發感慨後，優秀的推銷員就接著說：

「我聽很多成功人士說，有時候，事態逼得你根本沒有時間仔細推敲，只能憑經驗、直覺而一錘定音。當然，一開始也會犯些錯誤，但慢慢地判斷時間越來越短，決策也越來越準確，這就顯示出深厚的功力了。猶豫不決是最要不得的，很可能壞大事呢。是吧？」

即使對方並不是一個果斷的人，他或她也會希望自己是那樣的人，所以對上述說法點頭者多，搖頭者少。因此下面的話，就順理成章了：

「好，我也最痛恨那種優柔寡斷，成不了大器的人。能夠和你這樣有決斷力的人談，真是一件愉快的事情。」這樣，你怎麼還會聽到「我還要考慮考慮！」之類的話呢？

任何一種藉口、理由，都有辦法事先堵住，只要你好好動腦筋，勇敢地說出來。也許，一開始，你運用得不純熟，會碰上一些小小的挫折。不過不要緊，總結經驗教訓後，完全可以充滿信心地事先消除種種藉口，直奔成交，並鞏固簽約成果。

◆抓住顧客心理促成成交

有兩家賣粥的小店。左邊小店和右邊小店每天的顧客相差不多，都是川流不息，人進人出的。

然而晚上結算的時候，左邊小店總是比右邊小店多出百十元來，天天如此。

於是，一天走進了右邊那家粥店。

服務小姐微笑著把我迎進去，給我盛好一碗粥，問我：「加不加雞蛋？」我說加。於是她給我加了一個雞蛋。

每進來一個顧客，服務員都要問一句：「加不加雞蛋？」有說加的，也有說不加的，大概各佔一半。

之後又走進了左邊那家小店。

服務小姐同樣微笑著把我迎進去，給我盛好一碗粥。問我：「加一個雞蛋，還是加兩個雞蛋？」我笑了，說：「加一個。」

再進來一個顧客，服務員又問一句：「加一個雞蛋還是加兩個雞蛋？」愛吃雞蛋的就要求加兩個，不愛吃雞蛋的就要求加一個。也有要求不加的，但是很少。一天下來，左邊這家小店就要比右邊那家小店多賣出很多個雞蛋。

陶德．鄧肯發現，給顧客提供較少的選擇機會，你就會收到較多的效果，「一」或「二」的選擇比「要」「不要」的選擇範圍小了很多。

面對愛挑剔的顧客，也自有推銷之道。

一天，商場瓷器櫃檯前，來了一位男人，他在櫃檯前老是挑來挑去。上等的瓷器他不要，偏偏要那種樸實便宜的青瓷盤。並且還要一件件地開包挑選。這位先生看一件說有瑕疵扔在一邊，又拿過一件說花紋不精美又扔在一邊。而推銷員不急不惱，泰然處之。他扔下一件，推銷員就隨手拾起「啪」的一下將它摔碎。他再扔下一件，推銷員又摔一件，就這樣連摔了3件。那位先生開口了：「摔它幹嘛？我不要，你可以再賣給別人嘛！」

推銷員堅決地回答：「不！這是我們公司的規定，絕不把顧客不滿意的產品賣給任何一個消費者！」

那位先生愣了一下，像是有意要試試這份承諾的可信度到底有多大，於是就旁若無人地低下頭繼續挑選。推銷員毫不心疼，仍舊是他扔一件摔一件，就這樣連續摔了31個青瓷盤。不過這一過程中，推銷員臉上始終帶著微笑。這時，已有許多人紛紛趕來圍觀了。

「不要再摔了！不要再摔了！」

「那算什麼毛病？他不要賣給我！」

人們開始對這件事情發起評論來了。冷寂許久的櫃檯前第一次湧來這麼多人，顧客圍得裡三層外三層，像看一齣驚心動魄的大戲一樣。當這位先生抓起第32只瓷盤時，沸騰的人群發出一聲聲憤怒的吼叫。

這次，那位先生抓起瓷盤後，看都沒看，便拿上走了。

「我買！我買！」

「給我一件！給我一件！」

人們開始來到櫃檯前搶購瓷器，就在這一天，這個瓷器櫃檯前空前熱鬧。當場賣了近300件，第二天賣了500件，是以前幾十上百倍的銷量。那天晚上，老闆重重表揚了那位推銷員。

讓人想不到的是，一個月後，那位先生又來了。不過，他不是來退貨或是再來挑毛病的，而是洽談購買瓷器生意的。後來，那個摔瓷器的推銷員和這位先生也就成了朋友。在隨後的幾年裡，他和他的朋友先後從這兒買去了幾萬件瓷器，為公司增加了上百萬的銷售額。

陶德·鄧肯的銷售秘訣是面對不同的顧客，找到適當的方法去推銷你的產品，儘管有的時候顧客很挑剔，你只要用心去做，對症下藥，銷售也一定會成功的。

靶心法則——開發高回報的顧客

客戶也有不同種類，高回報顧客能帶給你高收益，多多開發高回報的客戶，能做到少投入、大產出。這是陶德·鄧肯告訴我們成為銷售冠軍的第二個法則。

◆從購買習慣出發策劃

一次講座上，陶德·鄧肯講到了下面這個案例。

卡爾是一個沒有多高學歷但極具學習力和悟性的人。他高中未畢業就被學校退學，退學後他到小旅館洗過盤子，擦過地板，後來又到一家小型鋸木廠做學徒，再後來到工地做挖水井工作，最後才踏進推銷這一行來。

他善於學習，讀過推銷方面的書籍不下3000本，他不斷地閱讀書籍文章來充實自己；他向同行前輩、推銷高手學習。經過多年的實踐和累積，他擁有了一整套最廣泛、最有效的推銷方法。

卡爾曾經賣過辦公室用品。一天，他去拜訪一家電腦公司，那是一家有錢的公司。他向電腦公司的採購主管介紹完產品之後，就等待對方的回應。但他不知道對方的採購策略是什麼。

於是他就問：

「您曾經買過類似這樣的產品或服務嗎？」

對方回答說：「那當然。」

「您是怎樣做決定的？當時怎麼知道這是最好的決定？採用了哪些步驟去做結論？」卡爾繼續問。

他知道每個人對產品或服務都有一套採購策略。人都是習慣性動物。他們喜歡依照過去的方法做事，並且寧願用熟悉的方式做重要決策，而不願更改。

「當時是有三家供應商在競標，我們考慮的無非是三點：一是價格，二是品質，三是服務。」採購員說。

「是的，您的做法是對的，畢竟貨比三家不吃虧嘛。不過，我可以給您提供這樣的保證：不管您在其他地方看到什麼，我向您保證，我們會比市場中其他任何一家公司更加用心為您服務。」

「嗯，我可能還需要考慮。」

「我瞭解您為什麼猶豫不決，您使我想起××公司的比爾，他當初購買我們產品的時候也是一樣猶豫不決。最後他決定買了，用過之後，他告訴我，那是他曾經做過的最好的採購決定。他說他從我們的產品中享受的價值和快樂遠遠超過多付出一點點的價格。」卡爾知道講故事是最能令顧客留下深刻印象的。

卡爾的成功經驗告訴我們，推銷中必須不時轉換策略，開發高回報的客戶。

陶德·鄧肯告訴我們，要成為優秀的推銷員，你必須具有隨時考慮各種策略，不斷努力，達到目的的能力和素質。如果你的表現讓你的顧客覺得你很有敬業精神，可能產生這樣的效果：即便你不積極地去爭取，顧客也會自動上門。能夠做到這點的絕對是一個卓越的推銷員。

如果你的老顧客對你抱有好感，就會為你帶來新的顧客。他會介紹自己的朋友來找你。但是這一切的前提是你用自己魅力確確實實感染他。而且你們之間有一種信任的關係，也許是那種由於多次合作而產生的信任關係。但不一定是朋友的關係。因為總是有一些人把工作和生活分得很清楚。其實，只要你讓你的老客戶對你產生了這樣的好感，他會對他的朋友介紹說：「我經常和某某公司的某某合作。他很親切而且周到，我對他很有好感。」既然是朋友的推薦，那位先生一定會說：「既然這樣，那我也去試試看。」這對推銷員來說，就等於是別人為你開了財路。

當你一旦建立起一個良好的客戶接近圈，並能駕馭這張網良性運作時，你就會看到銀行整天的忙碌都是為了把所有客戶的錢從他們的帳戶上劃到你的帳戶上，你就會覺得所有「財神爺」的口袋都是向你敞開著的。

◆開發有影響力的中心人物

開發有影響力的中心人物，利用中心開花法則，中心開花法則就是推銷人員在某一特定的推銷範圍裡發展一些具有影響力的中心人物，並且在這些中心人物的協助下，把該範圍裡的個人或組織都變成推銷人員的準顧客。實際上，中心開花法則也是連鎖介紹法則的一種推廣運用，推銷人員透過所謂「中心人物」的連鎖介紹，開拓其周圍的潛在顧客。

中心開花法則所依據的理論是心理學的光環效應法則。心理學原理認為，人們對於在自己心目中享有一定威望的人物是信服並願意追隨的。因此，一些中心人物的購買與消費行為，就可能在他的崇拜者心目中形成示範作用與先導效應，從而引發崇拜者的購買與消費行為。實際上，任何市場概念內及購買行為中，影響者與中心人物是客觀存在的，他們是「時尚」在人群傳播的源頭。只要瞭解確定中心人物，使之成為現實的顧客，就有可能發展與發現一批潛在顧客。

利用這種方法尋找顧客，推銷人員可以集中精力向少數中心人物做細緻地說服工作；可以利用中心人物的名望與影響力提高產品的聲望與美譽度。但是，利用這種方法尋找顧客，把希望過多地寄託在中心人物身上，而這些所謂中心人物往往難以接近，從而增加了推銷的風險。如果推銷人員選錯了消費者心目中的中心人物，有可能弄巧成拙，難以獲得預期的推銷效果。

在你推銷商品時，常常有這樣的情況：一個家庭或一群同伴們一起來跟你談生意，做交易，這時你必須先準確無誤地判斷出其中的哪位對這筆生意具有決定權，這對生意能否成交具有很重要的意義。如果你找對了人，將會給你的生意帶來很大的便利，也可讓你有針對性地與他進行交談，抓住他某些方面的特點，把你的商品介紹給他，讓他覺得你說的正是他想要的商品的特點。

相反，如果你一開始就盲目地跟這一群人中的某一位或幾位介紹你的商品如何如何，把真正的決定者冷落在一邊，這樣不僅浪費了時間，而且會讓人看不起你，認為你不是生意場上的人，怎麼連最起碼的資訊——決定權掌握在誰手裡都不知道，那你的商品又怎能令人放心。

如何確定誰是這筆交易的決定者，很難說有哪些方法，只有在長期的實踐過程中，經常注意這方面的情況，慢慢摸索顧客的心理，才能做到又快又準確地判斷出誰是決定者。不過，這裡可介紹幾種比較常見但又比較容易讓人判斷錯的情況。

當你去一家公司推銷沙發時，正好遇到一群人，當你向他們介紹沙發時，他們中有些人聽得津津有味，並不時地左右察看，或坐上去試試，同時向你詢問沙發的一些情況並不時地做出一些評價等。而有些人則對沙發無動於衷，一點也不感興趣，站在旁邊，似乎你根本就不在旁邊推銷商品。這兩種人都不是你要找的決定人。當你向他們提出這樣的問題：「你們公司想不想買這種沙發？」「我覺得這沙發放在辦公室裡挺不錯的，貴公司需不需要？」他們便會同時看著某一個人，這個人便是你應找的公司領導，他能決定是否買你的沙發。

當你在推銷洗衣機時，一個家庭的幾位成員過來了，首先是這位主婦說：「哦，這洗衣機樣式真不錯，體積也不大。」然後長子便開始對這台洗衣機大發評論了，還不停地向你詢問有關的情況。這時你千萬不要認為這位長子便是決定者，從而向他不停地講解，並詳細地介紹和回答他所提出的問題，而要仔細觀察站在旁邊不說話，但眼睛卻盯著洗衣機在思索的父親，應上前與他搭話，「您看這台洗衣機怎麼樣，我也覺得它的樣式挺好。」然後再與他交談，同時再向他介紹其他的一些性能、特點等。因為這位父親才是真正的決定者，而你向他推銷、介紹，比向其他人介紹有用得多，只有讓他對你的商品感到滿意，你的交易才可能成功，而其他人的意見對他只具有參考價值。

在有些場合下，你一時難以判斷出誰是他們中的決定者，這時你可以稍微改變一下提問的方式。比如，你可以向這群人中的某一位詢問一些很關鍵、很重要的問題，這時如果他不是領導者，他肯定不能給你準確明瞭的答覆，而只是一般性地應答，或是讓你去找他們的領導，如果你正碰上領導者，那麼他就能對你提出的重要的問題給予肯定回答。這種比較簡單的試問法，可以幫你儘快地、準確地找到你所想要找的決定者。因此，能使你更有效地進行推銷活動，避免了時間上的浪費，提高了你的商品推銷說明的效率。

推銷人員要在某一特定的推銷範圍裡發展一些具有影響力的中心人物，並且在這些中心人物的協助下，把該範圍裡的個人或組織都變成推銷人員的準顧客。

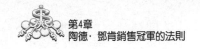

槓桿法則——讓對手成為槓桿

記住，對手多的地方機會就越多。應該感謝你的敵人和對手，真誠的給對手讚賞，永遠不要去抱怨。這也是陶德．鄧肯脫穎而出的第三個原因。

◆對手多的地方機會就越多

日本的游泳運動一直是處於世界領先地位的。但有人說，他們的訓練方法也有著很神奇的秘密。有一個人到過日本的游泳訓練館，他驚奇地發現，日本人在游泳館裡養著很多鱷魚。後來他探詢到了這個秘密。在訓練的時候，隊員跳下水去之後，教練不久就會把幾隻鱷魚放到游泳池裡。幾天沒有吃東西的鱷魚見到活脫脫的人，立即獸性大發，拚命追趕運動員。儘管運動員知道鱷魚的大嘴已經被緊緊地纏住了，但看到鱷魚的凶相，還是條件反射地拚命往前遊。

加拿大有一位長跑教練，以在很短的時間內培養出了幾位長跑冠軍而聞名。有很多人來這裡探詢他的訓練秘密。誰也沒有想到他成功的秘密是因為有一個神奇的陪練，這個陪練不是一個人，而是一隻兇猛的狼。他說他是這樣決定用狼做陪練的，因為他訓練隊員的是長跑項目，所以他一直要求隊員從家裡來時一定不要借助任何交通工具，必須自己一路跑來，作為每一天訓練的第一課。

他的一個隊員每天都是最後一個來，而他的家還不是最遠的。他甚至告訴這位隊員讓他改行去幹別的，不要在這裡浪費時間了。但是突然有一天，這個隊員竟然比其他人早到了20分鐘，他知道這位隊員離家的時間，他算了一下，驚奇地發現，這個隊員今天的速度幾乎可以超過世界紀錄。他見到這個隊員的時候，這個隊員正氣喘吁吁地向他的隊友們描述著今天的遭遇。

原來，在他離開家不久，在經過那一段有5公里的野地時，他遇到了一隻野狼。那野狼在後面拚命地追他，他拚命地往前跑，那野狼竟然被他給甩下了。教練明白了，這個隊員今天超常的成績是因為一隻野狼，因為他有了一個可怕的敵人，這個敵人使他把自己所有的潛能都發揮出來了。從此，他聘請了一個馴獸師，找來幾隻狼，每當訓練的時候，他的隊員的成績都有了大幅度的提高。有對手的地方就會充滿競爭，而競爭是我們前進的動力。對手往往還能夠給你帶來經驗，甚至還有客戶。

陶德·鄧肯告訴我們，競爭並不可怕，把對手當作你的槓桿，對手越強大，你的前進動力越大。

◆真誠讚賞你的對手

陶德．鄧肯的朋友亞斯獨自開起了一家電腦銷售店，旗開得勝，這可引起了鄰近的電腦銷售店店主瑞特的怨恨。瑞特無中生有地指責年輕的亞斯「不地道，賣水貨」。亞斯的好友為此感到非常氣憤，勸說亞斯向法院起訴，控告瑞特的誣陷。亞斯卻不僅不惱，反而笑嘻嘻地說：「和氣才能生財，冤冤相報何時了？」當顧客們再次向亞斯述說起瑞特的攻擊時，亞斯心平氣和地對他們說：「我和瑞特一定是在什麼事情上產生了誤會，也許是我不小心在什麼地方得罪了他。瑞特是這個城裡最好的店主，他為人熱情，講信譽。他一直為我所敬仰，是我學習的榜樣。我們這個地方正在發展之中，有足夠的餘地供我們兩家做生意。日久見人心，我相信瑞特絕對不是你們所說的那種人。」瑞特聽到這些話，深深地為自己的言行感到羞愧，不久後的一天，他特地找到亞斯，向亞斯表達了自己的這種心情，還向亞斯介紹了自己經商的一些經驗，提了一些有益的建議。最終，亞斯真誠的讚揚消除了兩人之間的怨恨。

給客戶真誠的讚賞，在顧客面前給你的競爭對手美言幾句，這是陶德．鄧肯成為客戶最信賴的推銷員的原因。

一切都發生在俄亥俄州一家大型化學公司財務主管瓊斯先生的辦公室裡。瓊斯先生當時並不認識後來成為推銷大師的法蘭克·貝特格，很快貝特格發覺瓊斯對貝特格服務的菲德利特公司也絲毫不瞭解。

以下是他們的對話：

「瓊斯先生，您在哪家公司投了保？」

「紐約人壽保險公司、大都會保險公司。」

「您所選擇的都是些最好的保險公司。」

「你也這麼認為？」

「沒有比您的選擇更好的了。」

接著貝特格向瓊斯講述了那幾家保險公司的情況和投保條件。

貝特格說的這些絲毫沒有使瓊斯覺得無聊，相反，他聽得入神，因為有許多事是他原來不知道的。貝特格看得出他因認為自己的投資判斷正確而感到自豪。

之後，貝特格接著說：「瓊斯先生，在費城還有幾家大的保險公司例如菲德利特、繆托爾等，他們都是全世界有名的大公司。」

貝特格對競爭對手的瞭解和誇讚似乎給瓊斯留下了深刻印象。當貝特格再把菲德利特公司的投保條件與那幾家他所選擇的大公司一起比較時，由於經貝特格介紹他已熟悉了那幾家公司的情況，他就接受了貝特格，因為菲德利特的條件更適合他。

在接下來的幾個月內，瓊斯和其他四名高級職員從菲德利特公司購買了大筆保險。當瓊斯的公司總裁向貝特格諮詢菲德利特公司的情況時，瓊斯先生連忙插嘴一字不差地重複了貝特格對他說過的話：「那是費城三家最好的保險公司之一。」

貝特格能成為推銷大師絕非偶然，他們身上的閃光點，都需要我們好好學習，真誠讚賞一下競爭對手，對你能有什麼損失呢？

◆正確對待競爭對手

在推銷商品時完全不遇到競爭對手的情況是很少的。面對這種情況，陶德．鄧肯告訴我們，必須做好準備去對付競爭對手，如果沒有這種心理準備，客戶會以為你敵不過競爭對手。

當然，大多數客戶都知道一些競爭對手提供的商品，但推銷員會吃驚地發現，並不知道同一領域裡有哪些主要競爭者的買主也時有所遇。因此，聰明的推銷員一般都不主動提及有無競爭對手的事，他們害怕那樣做將會向客戶提供出他們不曉得的資訊。

下面以銷售汽車為例說明問題。

某企業的總經理正打算購買一輛汽車送給兒子做高中畢業禮物。SAAB牌轎車的廣告曾給他留下印象，於是他到一家專門銷售這種汽車的商店去看貨。而這裡的推銷員在整個介紹過程中卻總是在說他的車如何如何比「飛雅特」和「大眾」強。

作為總經理的他似乎發現，在這位推銷員的心目中，後兩種汽車是最厲害的競爭對手，儘管總經理過去沒有聽說過那兩種汽車，他還是決定最好先親自去看一看再說。最後，他買了一輛「飛雅特」。

看來，真是話多惹禍。

不貶低誹謗同行業的產品是推銷員的一條鐵的紀律。請記住，把別人的產品說得一無是處，絕不會給你自己的產品增加一點好處。

如何對待競爭對手呢？除了上文說的給對手真誠的讚賞外，還要盡量掌握對手的情況。為什麼必須經常注意競爭對手的動向呢？陶德·鄧肯指出了另一個原因，他說：

「我不相信單純依靠推銷術被動競爭能夠做好生意，但我相信禁止我的推銷員討論競爭對手的情況是極大的錯誤。我過去太喜歡『埋頭苦幹』，以至於對市場動向掌握甚少。現在我已要求手下的推銷員只要在他們負責的區域發現一種競爭產品就立即給我送來。

「我的這種願意研究他人產品的態度對手下人是一劑興奮劑。它至少表明我不願意在打瞌睡的時候被別人超過去；如果本行業已經沸沸揚揚地議論起新出現的競爭產品，而我仍然在睡大覺，推銷員們勢必會灰心喪氣。

「我堅決主張，應當全面掌握競爭對手的情況，外出執行任務的推銷員不斷會聽到關於他人產品優點和自己產品弱點的議論。因此必須經常把他們召回大本營，讓他們從頭至尾重新制定自己貨品的推銷計畫。這樣他們才不至於在推銷工作中落入被動競爭的困境。」

在實際行動中，要承認對手，但是不要輕易進攻。

毫無疑問，避免與競爭對手發生猛烈「衝撞」是明智的，但是，要想絕對迴避他們看來也不可能。推銷員如果主動攻擊競爭對手，他將會給人留下這樣一種印象：他一定是發現競爭對手非常厲害，覺得難以對付。人們還會推斷：他對另一個公司的敵對情緒之所以這麼大，那一定是因為他在該公司手裡吃了大虧。客戶下一個結論就會是：如果這個廠家的生意在競爭對手面前損失慘重，他的競爭對手的貨就屬上乘，我應當先去那裡瞧瞧。

陶德·鄧肯講過這樣一件事，說明推銷員攻擊競爭對手會造成什麼樣的災難性的後果：

「我在市場上招標，要購入一大批包裝箱。收到兩項投標，一個來自曾與我做過不少生意的公司，公司的推銷員找上門來，問我還有哪家公司投標。我告訴他了，但沒有暴露價格秘密。他馬上說道：『噢，是啊，是啊，他們的推銷員吉姆確實是個好人，但他能按照你的要求發貨嗎？他們工廠小，我對他的發貨能力說不清楚。他能滿足你的要求嗎？你要知道，他對你們要裝運的產品也缺乏起碼的瞭解。』等等。

「應該承認，這種攻擊還算是相當溫和的，但它畢竟還是攻擊。結果怎樣？我聽了這些話產生出一種強烈的好奇心，想去吉姆的工廠裡面看看，並和吉姆聊聊，於是前去考察。他獲得了訂單，合約履行得也很出色。這個簡單的例子說明，一個推銷員也可以為競爭對手賣東西，因為他對別人進行了攻擊，我才在好奇心的驅使下產生了親自前去考察的念頭，最後，造成了令攻擊者大失所望的結局。」

最好不要和你的客戶進行對比試驗。

有時，競爭變得異常激烈，必須採用直接對比試驗來確定競爭產品的優劣，比如在銷售農具、油漆和電腦時就經常這樣做。如果你的產品在運行起來之後客戶馬上可以看到它的優點，採用這種對比試驗進行推銷就再有效不過了。但是，如果客戶本來就討厭開快車，你還向他證明你的車比另一種車速度快，那便是不得要領了。

然而，對比試驗也有可能因人為操縱而變得不公平。比如，有兩家公司生產的雙向無線電通訊設備在進行競爭性對比試驗，一家是摩托羅拉公司，一家的名字最好還是不公開。前者的方法：允許客戶從手頭堆放的設備中任選一部，然後由他們的人控制操縱台隨意進行試驗。後者是一家巨型公司，是前者的主要對手。它的方法卻是：使用經常特別調試的設備參加對比試驗，以保證達到最佳效果，而且由該公司的人控制操縱台，不讓客戶動手。

最後，摩托羅拉公司吃了大虧，下令公司的人永遠不准與那家大公司的代表在同一處場所與他們進行對比試驗。看來，對比試驗也有一定的危險，需要警惕。

求愛法則——用真誠打動顧客

推銷其實就是推銷感情，讓顧客從心裡接受你。真誠打動顧客心，用心拓展客戶關係，你的推銷就一定能被顧客接受。陶德·鄧肯說：「一段客戶關係要想表面看起來正常，首先裡面必須是正確的。」

◆對待客戶要用心

關於這一點，我們身邊的故事相信更有啟發性。

億萬富翁李曉華說：「在我走向成功的道路上，趙章光先生給了我很大幫助。」

當時，章光101生髮精在日本行情看漲，在國內更是供不應求，一般人根本拿不到貨。而李曉華與趙章光又素昧平生。

李曉華決定主動進攻。

他第一天來到北京毛髮再生精廠，吃了閉門羹。門衛告訴他：「一年以後再來吧！」

第二天，他又來到該廠。這一次，雖然他想辦法進了大門，找到了供銷科，但得到的答覆仍然是：「一年後再來吧！」也難怪，101毛髮再生精賣得正紅火，李曉華根本排不上號。

經過一番思考，他改變了策略。

第三天，他坐著一輛由司機駕駛的賓士來到101毛髮再生精廠，並自報家門：「海外華僑李曉華先生前來拜訪！」

在與對方的交談中，他先不提買毛髮再生精的事情，而是海闊天空地聊天，從中捕捉對自己有用的資訊。

當他瞭解到101毛髮再生精廠職工上下班汽車不夠用時，立即表示願意贈送一輛大客車和一輛小汽車。

果然，一個月後，兩輛汽車開到了北京101毛髮再生精廠。李曉華的慷慨和真誠相助，使趙章光深受感動。

從此，李曉華與趙章光成了好朋友。李曉華如願以償，取得了101毛髮再生精在日本的經銷權。他常常包下整架飛機，把101毛髮再生精運到日本。短短幾個月。李曉華進入了千萬富翁的行列。

用心拓展客戶關係，用真誠打動顧客，不要錯失任何機會，客戶永遠至上。

◆用真誠去打動客戶

詹姆斯作為一個新手，在進入汽車銷售行業的第一年就登上公司的推銷亞軍寶座，令許多人都羨慕不已。同事紛紛向他祝賀，討教經驗似的問：「你是如何取得這麼好的銷售業績的？你真棒！」但詹姆斯一時也說不出個所以然來，這也成為一個問題，困擾了他好幾天。

直到有一天，詹姆斯坐在車上，忽然想起來了：真傻，這一點問問客戶不就清楚了嗎！他揚了揚手中的簽約單，笑著對自己說：「好，現在就開始！」

今天的客戶喬治先生是一家地產公司的老闆，是詹姆斯以前的一個客戶介紹過來的，算上今天這次，這是他們的第三次見面。詹姆斯覺得喬治先生很直爽，向他問這個問題應該不會太失禮。

在喬治先生家中，雙方簽完約，合上合約文本，詹姆斯又很有耐心地向喬治先生重複了一遍公司的售後服務和喬治先生作為車主所享有的權益。然後，才很有禮貌地問：「喬治先生，我有一個私人問題想問一下您，可以嗎？」

喬治先生看了一眼詹姆斯，從沙發上坐直身子，說道：「當然可以！」

「是這樣的，我想問您，您為什麼會和我簽約？當然，我的意思是說，其他公司好的推銷員很多，您為什麼會選擇我？」第一次問這種問題，詹姆斯覺得有點不好意思，略帶歉意地望著喬治先生。

喬治先生爽朗地笑了起來，很高興地說：「年輕人，我果然沒有看錯人。」喬治先生接著說：「你是我的朋友介紹的，他也在你這買過車，你該記得的。當時他就告訴我：『這小夥子很誠實，我信得過他。』我聽了有點不以為然，你別介意，但我確實是如此想的。推銷員我見多了，還不都是油嘴滑舌，把自己的產品吹得天花亂墜嗎？但第一次見面，你言簡意賅地向我介紹了幾款車，便靜靜地聽我講述要求。我們交談時你雙目注視著我，給我留下深刻的印象，的確，像我朋友所說的，你與別的推銷員不同，你很真誠。」

「第二次見面時，你全力向我推薦了這款車。其實這款車我早就注意過了，我也聽了不下6個推銷員向我介紹這款車，但你又一次打動了我。應該說，這款車的性能、價位、車型設計等都比較符合我的要求，正在我猶豫之際，你又主動跟我說：『這款車許多客人初看都很喜歡，但買的人不算太多，因為這款車最主要的缺點就是發動機聲響太大，許多人受不了它的噪音，如果對這一點你不是很在意的話，其他如價格、性能等符合你的願望，買下來還是很合算的。』

「你還記得我試過車後說的話嗎？我說：『你特意提出噪音的問題，我原以為大得驚人呢，其實這點噪音對我來講不成問題，我還可以接受，因為我以前的那款車聲音比這還大，我看這不錯。其他的推銷員都是光講好處，像這種缺點都設法隱瞞起來，你把缺點明白地講出，我反而放心了。』你看，我們就這麼成交了！」

從喬治先生家裡出來，詹姆斯既高興又激動，臉漲得都有點紅了，今天這種方式真不錯，很有實效！詹姆斯覺得，這對自己不僅是一種肯定和鼓勵，而且還增進了他與喬治先生的交情，剛才出門之前，喬治先生還很殷勤地邀請他在家共進晚餐呢，這個朋友是交定了！

把產品的缺點告訴你的客戶，對待客戶像對待朋友一樣，切不可為了一時利益隱瞞不利銷售的地方，這樣，你永遠都成不了優秀的推銷員。

◆帶著感情推銷

推銷員與客戶交往好像是在與戀人「談戀愛」，能夠把戀愛技巧運用到推銷上的推銷員一定是成功的。如果你看上一個女孩，第一次見面就跟她大談特談數學、物理、邏輯，那你註定要失敗。同樣，推銷員如果與客戶一見面就大談商品、生意，或一些深奧難懂的理論，那他一定不會取得客戶的好感。

善於辯論，說起理論來一套一套的，可在商場上卻四處碰壁的推銷員也不乏其例。

推銷員漢特，他曾是大學辯論會的優勝者，便自以為口才非凡，平常說話總是咄咄逼人，可工作幾個月後，銷售業績總是排在後面。請看一段他與客戶的對話。

「我們現在不需要。」客戶說。

「那麼是什麼理由呢？」

「理由？總之我丈夫不在，不行。」

「那你的意思是，你丈夫在的話，就行了嗎？」漢特出言不遜，咄咄逼人，終於把這位客戶惹惱了：「跟你說話怎麼那麼麻煩？」

漢特碰了一鼻子灰出來，還對別人說：「我說的每句話都沒錯呀，怎麼生氣了？」他以為自己的語句合乎邏輯推理，卻不想他的話一點都不合人情。

推銷員與客戶結緣，絕用不上什麼高深理論，最有用的可能是那些最微不足道、最無聊甚至十分可笑的廢話。

因為客戶對推銷員的警戒是出於感情上的，要化解它，理所當然「解鈴還需繫鈴人」。除了用感情去感化，理論是無濟於事的。

「空中巴士」公司是法國、德國和英國等國合營的飛機製造公司，該公司生產的客機品質穩定、性能優良。但是，因為它是20世紀70年代新辦的企業，外銷業務一時難以打開。為改變這種被動局面，公司決定招聘能人，將產品打入國際市場。貝爾那·拉第埃正是在這一背景下受聘於該公司的。

當時，正值石油危機，世界經濟衰退，各大航空公司都不景氣，飛機的外銷環境相當艱難。儘管如此，拉第埃還是挺身而出，決定大展身手。

拉第埃走馬上任遇到的第一個棘手問題是和印度航空公司的一筆交易。由於這筆生意未被印度政府批准，極可能會落空。在這種情況下，拉第埃匆忙趕到新德里，並且會見談判對手——印航主席拉爾少將。在和拉爾會面時，拉第埃對他說：「因為您，使我有機會在我生日這一天又回到了我的出生地。」接著，他介紹了自己的身世，說他1924年3月4日生於加爾各答。拉爾聽後深受感動並邀請他共進午餐。拉第埃見此情形，趁熱打鐵，從公事包中取出一張相片呈給拉爾，並問：

「少將先生，您看這照片上的人是誰？」

「這不是聖雄甘地嗎？」拉爾回答。

「請您再看看旁邊的小孩是誰？」

「……」

「就是我本人呀！那時我才3歲半，在隨父母離開印度去歐洲的途中，有幸和聖雄甘地同乘一條船。」

拉第埃說完這些話，拉爾已經開始動搖了。當然，這筆生意也就成交了。

拉第埃的這一招，正應了中國古代兵法「攻心為上」。他的一句話既巧妙地讚美了對方，又引起了對方聽下去的興趣。接著，他用自己的生平介紹解除了對方「反推銷」的警惕和抵抗，拉近了雙方的距離。最後，又用甘地的照片徹底打動了對方，由此而產生感情共鳴，而這種感情共鳴產生的時候，也正是他適時採用這一攻心戰備，才順利成交。

總之，做人要真誠，做事要真誠，做推銷更要真誠。

鉤子法則——吸引顧客守候到底

陶德·鄧肯告訴我們，對待不同的顧客，面對不同的情況要採用不同的策略，只有想辦法迷住你的顧客，才能吸引顧客守候到底。

◆重視機會，把劣勢變優勢

實業界鉅子華諾密克參加了在芝加哥舉行的美國商品展覽會，很不幸的是，他被分配到一個極偏僻的角落，任何人都能看出，這個地方是很少會有遊客來的。因此，替他設計攤位的裝潢工程師薩孟遜勸他索性放棄這個攤位，等明年再參加。

你猜華諾密克怎樣回答？他說：「薩孟遜先生，你認為機會是它來找你，還是由你自己去創造呢？」

薩孟遜先生回答：「當然是由自己去創造的，任何機會都不會從天而降！」

華諾密克愉快地說：「現在，擺在我們面前的難題，就是促使我們創造機會的動力。薩孟遜先生，多謝你這樣關心我，但我希望你把關心我的熱情用到設計工作上去，為我設計一個漂亮而又富有東方色彩的攤位！」

薩孟遜先生果然不負所託，為他設計了一個古阿拉伯宮殿式的攤位，攤位前面的大路，變成了一個人工形成的大沙漠，使人們走到這個攤位時，彷彿置身阿拉伯一樣。

華諾密克對這個設計很滿意。他吩咐總務主任令最近雇用的那245名男女職員，全部穿上阿拉伯國家的服飾，特別是女職員，都要用黑紗將面孔下截遮住，只露出兩隻眼睛。並且特地派人去沙烏地阿拉伯買了6隻雙峰駱駝來作運輸貨物之用。

他還派人做了一大批氣球，準備在展覽會內使用。但這一切都是秘密進行的，在展覽會開幕之前不許任何人宣揚出去！

對於華諾密克這個阿拉伯式的攤位設計，已引起參加展覽會的商人們的興趣，不少報紙和電台的記者都爭先報導這個新奇的攤位。這些報導更引起很多市民的注意。等到開幕那天，人們早已懷著好奇心準備參觀華諾密克那個阿拉伯式的攤位了。

突然，展覽地內飛起了無數色彩繽紛的氣球，這些氣球都是經過特殊設計的，在升空不久，便自動爆破，變成一片片膠片撒下來，膠片上面印著一行很漂亮的小字，「親愛的女士和先生，當你們看到這小小的膠片時，你們的好運氣就開始了，我們衷心祝賀你。請你們拿著膠片到華諾密克的阿拉伯式攤位去，換取一件阿拉伯式的紀念品，謝謝你！」

這個消息馬上傳開了。人們紛紛擠到華諾密克的攤位去，反而忘卻了那些開設在大路邊的攤位。

第二天，芝加哥城裡又升起了不少華諾密克的氣球，引起很多市民的注意。

45天後，展覽會結束了。華諾密克先生做成了2000多宗生意，其中有500多宗是超過100萬美元的大交易，而他的攤位，也是全展覽會中遊客最多的攤位。

面對劣勢，只要用心思考，巧做安排，讓你的客戶為你守候到底，陶德．鄧肯認為這才是推銷的境界。

意外的情況並不是壞事，有時也有利於你的推銷，開動腦筋，變劣勢為優勢，吸引你的顧客守候到底。

◆迷住你的客戶

香港鉅賈曾憲梓在發跡之前，曾有一次背著領帶到一家外國商人的服裝店推銷。服裝店老闆打量了一下他的寒酸相，就毫不客氣地讓曾憲梓馬上離開店鋪。

曾憲梓快快不樂地回家後，認真反思了一夜。

第二天一早，他穿著筆挺的西服，又來到了那家服裝店，恭恭敬敬地對老闆說：「昨天冒犯了您，很對不起，今天能不能賞光吃早茶？」

服裝店老闆看了看這位衣著講究、說話禮貌的年輕人，頓生好感。兩人邊喝茶，邊聊天，越談越投機。

喝完茶後，老闆問曾憲梓：「領帶呢？」

曾憲梓說：「今天專程來道歉的，不談生意。」

那位老闆終於被他的真誠所感動，敬佩之心油然而生，他誠懇地說：「明天你把領帶拿來，我給你銷。」

用你的人格魅力去吸引顧客，也是很好的一個辦法。

阿特·海瑞斯是WRGB零售部經理，WRGB是紐約通用電器公司的電視臺之一。他認為當推銷員吸引住潛在顧客時，才能創造適當的推銷環境。

有位潛在客戶是個很難對付脾氣暴躁的人。他總是很敷衍地聽別人講話，但在他的辦公室中卻無線索可尋。海瑞斯又把停車場掃視了一遍，也毫無頭緒。他在這位先生所在的城市訂了份報紙，當時這位先生有一批石油生意要成交。

「報紙的第一期刊登了這位先生的一封信。」海瑞斯說，「他對拆掉一座有80年歷史的旅館不滿，那家旅館是應被保護的歷史建築。」

海瑞斯馬上給這位先生修書一封，對其反抗與不滿予以支持，還隨信寄去了一本該地區的歷史旅遊景點手冊。

「於是我收到了所有潛在顧客來信中最友好的一封回信。」海瑞斯說道，「只有三個人對其刊登的信予以評論。他沒想到事情這麼久仍會有人看到它。」

海瑞斯成功了，這位先生連續六年購買該公司的電視時段。

推銷員要走近顧客，但不能莽撞，不要主動說：「你有個十歲大的孩子，我也有，他入團了嗎？」海瑞斯總是跟著顧客的思路走，顧客不提及家庭，他不會主動提及。「另一位先生與我簽訂了一份電視時段的購買訂單。」海瑞斯說，「當我們熟悉了之後，就一同去了聖地牙哥。在商務或社會活動期間這位先生從未提及家裡的事。當他提起不久之後的日本之行時，我也未問他是否與夫人同行。」

後來海瑞斯才知道這位先生剛剛失去了妻子。若他當年問了這樣的問題該有多尷尬。

阿特·海瑞斯懂得迷住顧客的價值，推銷也意味著在雙方關係進程中要與對方保持接近。

◆聽到「考慮一下」時你要加油

在推銷員進行建議和努力說服或證明之後，客戶有時會說一句：「知道了，我考慮看看。」或者是：「我考慮好了再跟你聯繫，請你等我的消息吧！」

顧客說要考慮一下，是什麼意思？是不是表示他真的有意購買，還是現在還沒考慮成熟呢？如果你是這麼認為，並且真的指望他考慮好了再來購買，那麼你可能是一位不合格的推銷員。其實，對方說「我考慮一下」，乃是一種拒絕的表示，意思幾乎相當於「我並不想購買」。

要知道，推銷就是從被拒絕開始的。作為一名推銷員，當然不能在這種拒絕面前退縮下來，正確的做法應該是迎著這種拒絕頑強地走下去，抓住「讓我考慮一下」這句話加以利用、充分發揮自己的韌勁，努力達到商談的成功。

所以，如果對方說：「讓我考慮一下」，推銷員應該以積極的態度盡力爭取，陶德·鄧肯告訴我們可以用如下幾種回答來應對他的「讓我考慮一下」。

a我很高興能聽到您說要考慮一下，要是您對我們的商品根本沒有興趣，您怎麼肯去花時間考慮呢？您既然說要考慮一下，當然是因為對我所介紹的商品感興趣，也就是說，您是因為有意購買才會去考慮的。不過，您所要考慮的究竟是什麼呢？是不是只不過想弄清楚您想要購買的是什麼？這樣的話，請儘管好好看清楚我們的產品；或者您是不是對自己的判斷還有所懷疑呢？那麼讓我來幫您分析一下，以便確認。不過我想，結論應該不會改變的，果然這樣的話，您應該可以確認自己的判斷是正確的吧！我想您是可以放心的。

b可能是由於我說得不夠清楚，以至於您現在尚不能決定購買而還需要考慮。那麼請讓我把這一點說得更詳細一些以幫助您考慮，我想這一點對於瞭解我們商品的影響是很大的。

c您是說想找個人商量，對吧？我明白您的意思，您是想要購買的。但另一方面，您又在乎別人的看法，不願意被別人認為是失敗的、錯誤的。您要找別人商量，要是您不幸問到一個消極的人，可能會得到不要買的建議。要是換一個積極的人來商量，他很可能會讓你根據自己的考慮做出判斷。這兩種人，找哪一位商量會有較好的結果呢？您現在面臨的問題只不過是決定是否購買而已，而這種事情，必須自己做出決定才行，此外，沒有人可以替您做出決定的。其實，若是您並不想購買的話，您就根本不會去花時間考慮這些問題了。

d先生，與其以後再考慮，不如請您現在就考慮清楚做出決定。既然您那麼忙，我想您以後也不會有時間考慮這個問題的。

這樣，緊緊咬住對方的「讓我考慮一下」的口實不放，不去理會他的拒絕的意思，只管借題發揮、努力爭取，盡最大的可能去反敗為勝，這才是推銷之道。

◆為推銷成功創造條件

有一個推銷員，他以能夠銷售出任何商品而出名。他已經賣給過牙醫一支牙刷，賣給過麵包師一個麵包，賣給過盲人一台電視機。但他的朋友對他說：「只有賣給駝鹿一具防毒面具，你才算是一個優秀的推銷員。」

於是，這位推銷員不遠千里來到北方，那裡是一片只有駝鹿居住的森林。「您好！」他對遇到的第一隻駝鹿說，您一定需要一具防毒面具。

「這裡的空氣這樣清新，我要它幹什麼！」駝鹿說。

「現在每個人都有一具防毒面具。」

「真遺憾，可我並不需要。」

「您稍候，」推銷員說，「您已經需要一具了。」接著他便開始在駝鹿居住的林地中央建造一座工廠。「你真是發瘋了！」他有朋友說。「不然。我只是想賣給駝鹿一具防毒面具。」

當工廠建成後，許多有毒的廢氣從大煙囪中滾滾而出，過此不久，駝鹿就來到推銷員處對他說：「現在我需要一具防毒面具了。」

「這正是我想的。」推銷員說著便賣給了駝鹿一具。「真是個好東西啊！」推銷員興奮地說。

駝鹿說：「別的駝鹿現在也需要防毒面具，你還有嗎？」

「你真走運，我還有成千上萬個。」

「可是你的工廠裡生產什麼呢？」駝鹿好奇地問。

「防毒面具。」推銷員興奮而又簡潔地回答。

陶德．鄧肯說，產品不是靠市場檢驗出來的，而是自己推出來的。需求有時候是製造出來的，解決矛盾的高手往往也先製造出矛盾來。

需求是人因生理、心理處於某種缺乏狀態而形成的一種心理傾向。優秀的推銷員明白，需求是可以創造出來的，推銷員想把商品推銷出去，所需要做的第一件事就是喚起客戶對這種商品的需求。

需求是可以被創造出來的，推銷員只有先喚起客戶對這種商品的需求，才有把產品推銷出去的可能。

有一年情人節的前幾天，一位推銷員去一客戶家推銷化妝品，這位推銷員當時並沒有意識到再過兩天就是情人節。男主人出來接待他，推銷員勸男主人給夫人買套化妝品，他似乎對此挺感興趣，但就是不說買，也不說不買。

推銷員鼓動了好幾次，那人才說：「我太太不在家。」

這可是一個不太妙的信號，再說下去可能就要趕人了。忽然推銷員無意中看見不遠處街道拐角的鮮花店，門口有一招牌上寫著：「送給情人的禮物——紅玫瑰」。這位推銷員靈機一動，說道：「先生，情人節馬上就要到了，不知您是否已經給您太太買了禮物。我想，如果您送一套化妝品給您太太，她一定會非常高興。」這位先生眼睛一亮。推銷員抓住時機又說：「每位先生都希望自己的太太是最漂亮的，我想您也不例外。」

於是，一套很貴的化妝品就推銷出去了。後來這位推銷員如法炮製，成功推銷出數套化妝品。

催化法則——建立成熟客戶關係

建立成熟客戶關係，你就會一勞永逸。成交以後要重視客戶的抱怨，讓客戶說出心裡話，讓客戶選擇你成為一種習慣。這是陶德・鄧肯教給我們的又一個法則。

◆重視客戶的抱怨

「如果每一件客戶抱怨的事件都一一去面對、處理，那就無法工作了，可我們還必須去做。」

「客戶都是那種會隨便說話的人，可即使是這樣，我們仍要好好面對。」

以上的話都在告訴我們：千萬不可輕視客戶的抱怨。世界上有那種不發一頓牢騷絕不善罷甘休的人，正是這些人，才使我們的企業更充滿活力，更適應社會。

有一些視財如命的客戶會生氣地問：「這東西真的沒問題嗎？」還有一些惡劣的客戶

會把抱怨當作可賺錢的方法。

相反的，有一些比較忠厚的客戶即使發現權益受損，也一定要下了重大的決心才會去申訴。當然，也有一些客戶的抱怨是出自善意，真正為商家著想。如此一來，抱怨也會因為動機及目的的不同而有所差別。

需要說明的是，對抱怨的客戶而言，他們都希望自己的申訴及想法能受到重視，哪怕只是小小的一個抱怨，或者是非善意的抱怨，

還有，在處理抱怨的時候千萬不要感情用事。如在電話中大聲辯解「沒有這回事」，那就是太過感情用事了，應該說「不會有這樣的事情」才對。

即使在客戶越來越激動，以至於大唱反調時，我們還是應該用冷靜、和緩的態度來處理，因為有些人就是喜歡添油加醋，乘機攻擊別人的弱點。

面對客戶大聲的叱責抱怨，加以他們過激的言詞，而作為推銷員，只能一味地忍耐道歉，這總會使我們感到很悲慘。何況更有些是起因於客戶自身的問題。

因此，在處理客戶的抱怨時，我們必須以一種「是自己人生過程中的一種磨練」的心態去應付這些事，否則根本就是難以應付的。

毫無疑問，人生並非只有快樂的一面，也有不少令人氣憤或悲傷的事情。在忍受這些事的同時，也促進了人的成長，並且能培養出體諒他人的心情。如果人生事事皆順心如意，那麼人便不可能有所長進，也必定會失去人生的意義。

因此，我們要把處理抱怨之事想成是人生的一種磨練，不斷地去忍受、咀嚼這些痛苦，培養自己的忍耐性及各種優良的品質。但我們也知道忍受痛苦並不是件容易的事，所以有不愉快的事發生以後，我們不妨對親近的同事說出自己的苦惱，以減輕自己的心理壓力。同時也期望上司能充分考慮下屬的處境，多獎勵那些位於第一線上處理抱怨的部下，讓他們振作起精神。

◆讓客戶說出心裡話

陶德·鄧肯告訴我們推銷人員要與客戶保持聯繫，打電話或是順道拜訪都可以，而且這些行動得在你的產品一送到他手上，或你一開始提供服務時就開始進行。你得探詢他對產品是否滿意，如果不是，你得設法讓他心滿意足。

要注意的是，千萬別問他：「一切都還順利嗎？」你的客戶一定會回答：「喔！還好啦！」

然而，事實未必如此，他也許對你的商品不滿意，但他不見得會把他的失望和不滿告訴你，可是他一定會跟朋友吐苦水。

如此一來，名聲毀了，介紹人跑了，生意也別想再繼續了。難道你不想給自己一次機會，讓客戶滿意嗎？

你曾在外面享用豐富美味的大餐嗎？你認為，花75美元在一家豪華餐廳裡吃一餐很划算，因為聽說餐廳提供高級波爾多葡萄酒、自製義大利通心粉、新鮮蔬菜沙拉配上適量的蒜泥調味汁，提拉米蘇鬆軟可口，讓人讚不絕口。

可是，如果……如果每道菜都讓你不滿意，例如，酒已變味，通心粉煮得爛糊糊的，生菜沙拉裡放了太多蒜泥，讓你吃得一嘴蒜臭，不敢跟約會的朋友開口，提拉米蘇又硬又乾，那就更不用說了。

餐後，老闆親自走上來，拍拍你的肩膀問：「怎麼樣，吃得還滿意嗎？」

你會回答：「還好！」

不必疑惑為什麼每個人都回答「還好」，反正人就是如此。

如果換個說詞呢？假設老闆問：「有什麼需要改進的地方嗎？」

這種坦然的問話會讓你開口，你會說：「葡萄酒發酸，通心粉黏糊糊的，提拉米蘇又硬又乾，最糟的就是生菜沙拉，你們的廚師到底懂不懂『適量的蒜味』是什麼意思？」

這些話聽起來很刺耳，但是老闆已表明態度，他很在意自己的餐廳，期待你將這一餐的真正的感受表達出來。而你照實說了，這等於是給他改善不足的機會。

他可能會如此回答：

「服務不佳，實在是非常對不起，你能說出真切感受，真是非常感激。請給我機會表達歉意。我們的大廚感冒，餐廳雇用的二廚看來無法達到我們要求的標準，我們會換一個新的。一個星期之內，當我們的大廚回來，盼望你再度光臨，至於今天這一餐，你不用付任何費用。」

你必須用適當的問法，將客戶的真心話引出來。如果客戶發現你的產品或服務有問題，你要設法彌補。只要你有心改善，客戶一定會留下好印象。如此一來，你的生意就能延續不斷了。

記住，不要讓客戶說「還好」，要讓他將心裡的話說出來。

◆不同客戶不同對待

福特是英國頂尖壽險推銷人員，美國百萬圓桌會議會員。他曾被MDRT推崇為「全球四位最佳壽險業務員」。

福特在自我職業定位上有一個有趣的故事。

他假設自己在逛商場，在一樓，一個小公司的負責人問福特：「您從事什麼行業？」福特說：「我幫企業主從債權人的手上保護他們的資產，並告訴他們如何增加財富。」

在二樓，有一位要退休的有錢女士問：「您從事什麼行業？」福特回答說：「我是一個守護財富的專家。我擅長避稅和房地產規劃。」

在三樓，有一位帶著小孩的女士問：「您從事什麼行業？」福特說：「我幫助家庭減少債務，幫他們規劃未來。比如小孩的教育費用和他們的未來規劃。」

福特總會針對不同的人做出不同的職業定位，以吸引顧客的注意力和信賴感。

不同顧客要不同對待，但是有一種方法是通用的。給顧客送上一張賀卡，同時，你也送上了一份溫情。

逢年過節，為你的顧客寄上一張賀卡，一定會使他感到既驚又喜，這種行為其實也是在為顧客服務——一種精神上的服務。

他是因為購買了你推銷的產品，才得到了你節日的祝福，所以，這份驚喜會使他將感情融於所購買的產品上，這樣，當以後他還需要購買此種產品時，一定會毫不猶豫地繼續選擇你的產品。從而也為顧客減少了許多選擇上的不必要的煩惱。

日本豐田公司的推銷員在這方面做得就非常出色，也因此為自己抓住了很多老顧客，並繼續以這種方式為他們提供精神服務。

顧客與推銷員之間雖然是最普通的人際關係，而人與人交往的紐帶永遠是感情，雖然卡片很小，但「禮輕情意重」，顧客感受到的是無限的溫情。

◆爭取做第一

1910年，德國習性學家海因羅特在實驗過程中發現一個十分有趣的現象：剛剛破殼而出的小鵝，會本能地跟在牠第一眼看到的母親後邊。但是，如果牠第一眼看到的不是自己的母親，而是其他活動物體，牠也會自動地跟隨其後。尤為重要的是，一旦這小鵝形成對某個物體的追隨反應，牠就不可能再對其他物體形成追隨反應。用專業術語來說，這種追隨反應的形成是不可逆的，而用通俗的語言來說，牠只承認第一，無視第二。

在生活中，人對第一情有獨鍾。你會記住第一任老師，第一天上班，初戀等等，但對第二則就沒什麼深刻的印象，在公司中第二把手總不被人注意，除非他有可能成為第一把手；在市場上第一品牌的市場佔有率往往是第二的倍數……

在這裡需要重點指出的是：單一顧客往往相信他所滿意的產品，並會在很長時間內保持對該產品的忠誠，在這段時間內他不會對其他同類產品產生更大的興趣和信任。

許多企業也證實，顧客忠誠度與企業盈利有很大的相關性。美國學者雷奇漢和賽薩的研究結果表明，顧客忠誠度提高5％，企業的利潤就能增加25％～85％。美國維特科化學品公司總裁泰勒認為，使消費者感到滿意只是企業經營目標的第一步。「我們的興趣不僅僅在於讓顧客獲得滿意感，更要挖掘那些顧客認為能增進我們之間關係的有價值的東西。」

許多企業運用調查顧客滿意程度來瞭解顧客對本企業產品和服務的評價，就是想透過提高顧客的滿意程度來培養顧客忠誠度。然而許多管理者發現，企業進行大量投資，提高了顧客的滿意程度，顧客卻不斷流失。對於企業和推銷員來說，讓顧客滿意是遠遠不夠的，如何培養顧客對組織、產品或者個人的忠誠才是推銷的終極目標。

對於大多數商業機構而言，擁有一個忠誠的顧客群體是有好處的。從心理上講，顧客忠實於某一特定的產品或商業機構也是有好處的。按照馬斯洛的觀點，從屬感是人類比較高級的一種需要。作為一個物種，人們與其他一些和自己擁有同樣想法和價值觀的人在一起會感到親切和有從屬感。那些能夠向其顧客提供這種從屬感的商業機構正是觸及到了人們這種非常重要的心理特徵。

從企業角度來說，回頭客是企業寶貴的財富。新顧客或新用戶為企業發展和興旺帶來了新的活力。企業要透過成功的行銷手段不斷地吸引更多的新顧客，同時也要不懈地努力去鞏固和留住老客戶，這一點對企業經營是非常重要的。

留住回頭客的關鍵還在於與顧客保持聯繫。與顧客和用戶保持定期的聯繫，表示公司對顧客的關注和尊重，這樣，可以增進雙方感情交流，加深雙方相互理解，也能夠經常聽到使用者意見和回饋資訊，及時進行品質改進，從而進一步加深企業與顧客之間的關係。

陶德·鄧肯告訴我們，方便顧客聯繫也有利於留住回頭客。溝通便利使你的重要顧客能夠不斷地回頭。

加演法則——不斷提升服務品質

陶德．鄧肯認為，優良的服務就是優良的推銷，銷售中最好的推銷就是服務，不能只開門而無服務，服務要有所為有所不為，做到貼心的服務讓顧客心想事成。

◆服務是推銷之本

彼爾是一家公司的業務經理，負責影印機推銷與服務的部門。彼爾從學校畢業後就一直從事關於影印機的推銷工作，轉眼就是七年。在這七年中，他由修理影印機的助理員晉升到推銷部的經理，這對一個年僅29歲的小夥子來說，並不是一件容易的事。原本他只想找一個自己感興趣的工作，沒想到卻一頭鑽進了推銷中。

彼爾在學校讀的是機械專業，他之所以進公司，只是抱著對機器維修的一份熱情與喜愛。因為他從小就喜歡拆拆拼拼，不知道已經拆壞了多少東西。但是，這拆拆拼拼的過程使他漸漸對機器維修產生了興趣。

抱著這想法進入公司的他，於是非常認真地學習修理影印機的技術，所以，他的維修技術非常高，客戶的影印機出問題都找他修理。當然，這其中還有一個原因，他待人和氣，自然也就贏得了客戶的好感。許多老客戶都主動地為他介紹新客戶，而他則因為不是推銷員，報價時總是盡量為客戶爭取最佳價格，客戶只要一對比都知道他所提供的價格最合理，於是他的業績因此逐漸地拓展開來，並且使他獲得了「年度推銷總冠軍」的頭銜，不但在公司受到了上司和同事的肯定，同時更贏得了客戶的認同。

如果你向他詢問這段無心插柳柳成蔭的過去，他總會微笑著告訴你：「其實最好的推銷就是服務。」因為他一路走來，幾乎沒有主動去拜訪過客戶，大部分的業績都是由客戶相互介紹而來，所以業務拓展對他而言幾乎是毫不費力的事。雖然面對不斷而來的客戶群，使他顯得十分忙碌而且疲憊，但心中卻充滿希望和成就感，因為他知道，每一個成交的客戶，如果可以持續得到良好的服務，將來都會為他帶來新的客戶。如此周而復始的結果使他的業績不斷提高。

彼爾的成功絕不是偶然的，他用良好的服務和信譽為自己帶來很多客戶，同時也給自己帶來了成功。推銷時除了要推銷好的產品外，服務態度和專業能力也是最重要的。在現代競爭中，除了商品價格競爭以外就是服務的競爭了。在推銷之前，具備完整而熱誠的服務品質，是業務拓展時最重要的一環。

著名的推銷員坎多爾弗也十分注重成交後的服務，在他看來，「優良的服務就是優良的推銷」。他說：「要想與那些優秀的推銷員競爭，就應多關心你的顧客，讓他感到從你這兒得到賓至如歸的感覺。你應該建立一種信心，讓他永遠不會忘掉你的名字，你也不應該忘記顧客的名字。你應確信，他會再次光臨，他也會介紹他的同事或朋友來。能使這一切發生的方法只有一個，就是你必須為顧客提供優質服務。」

有些目光短淺的人認為服務是一種代價高昂的時間浪費，這種觀點是完全錯誤的。我們必須正視這樣的事實：服務品質是區分一家公司與另一家公司、這位推銷員與那位推銷員、這件產品與那件產品的重要因素，在我們高度競爭的市場經濟體制下，沒有一種產品會遠遠超過競爭對手，但是，優質服務卻可區分兩家企業。一旦你為顧客提供了優質服務，你就會成為令人羨慕的少數推銷員中的一員，你比你的競爭對手更具優勢。

坎多爾弗總是堅持售後給顧客寫上幾句話，他是怎樣寫的呢？我們擇一例來看看：

親愛的約翰：

恭賀您今天下午做出決策，加入人壽保險。這當然是建立良好的長遠理財計畫的重要一步。我希望我們的會見是我們長期友好關係的開端，再次對您的訂貨表示感謝，並祝您萬事如意。

您的忠誠朋友喬．坎多爾弗

「如果不與你的顧客保持聯繫，你就不可能為其提供優質品的售後服務。」坎多爾弗在其推銷生涯中，自始至終都牢記著這一信條，可以說這是他成功的關鍵所在。

◆不斷提高服務品質

為客戶服務是永無止境的追求。

由於商品種類與服務項目的不同，各行各業對於客戶服務的定義多少會有些不同。但始終不變的則是客戶服務的本質。

如果研究一下日本那些真正成功的公司，會發現他們都有一個共同的特點——在各自的行業為客戶提供最優質的服務。像松下電器公司、三菱公司、東芝公司這樣的國際知名大公司各自都在市場上佔有很大的份額，這些公司的每一位推銷員都致力於提供上乘服務。有這樣一種推銷員，他們「狂熱」地尋求更好的方式，以「取悅」他們的客戶。不管推銷的是什麼產品，他們都有一種堅定不移的、日復一日的服務熱情。各行各業的佼佼者都是如此。

當你用長期優質的服務將客戶團團包圍時，就等於是讓你的競爭對手永遠也別想踏進你的客戶大門。

贏得終身的客戶靠的不是一次重大的行動，要想建立永久的合作關係，你絕不能對各種服務掉以輕心。做到了這一點，客戶就會覺得你是一個可以依靠的人，因為你會迅速回電話，按要求奉送產品資料等等。這些話聽起來是如此的簡單——確實也簡單，而且做到「幾十年如一日」的優質服務並不是什麼複雜困難的事，但它確實需要一種持之以恆的自律精神。

真正的推銷員應該明白，透過對零售商們提供各種服務能夠使自己的生意興旺發達起來。充分認識到客戶的價值，在第一份訂單之後，一直與客戶保持密切合作。一個優秀的推銷員不僅定期做存貨檢查，而且還建議零售商削價處理滯銷品，他還定期和其他推銷員舉行會議，共商推銷妙策。除此之外，他還親自設計廣告創意，建議零售商們實行那些在別的城市被證明行之有效的廣告促銷方法。

某汽車公司的推銷員在成交之後，客戶取貨之前，通常都要花上3至5個小時詳盡地示範汽車的操作。公司要求所有推銷員都必須介紹各個細節問題，包括一些很小的方面。比如怎樣點燃熱水加熱器，怎樣找到保險絲，怎樣使用千斤頂，等等。

無論你推銷什麼，優質服務都是贏得永久客戶的重要因素。當你提供穩定可靠的服務，與你的客戶保持經常聯繫的時候，無論出現什麼問題，你都能與客戶一起努力去解決。但是，如果你只在出現重大問題時才去通知客戶，那你就很難博得他們的好感與合作。推銷員的工作並不是簡單到從一樁交易到另一樁交易，把所有的精力都用來發展新的客戶，除此之外還必須花時間維護好與現有客戶來之不易的關係。糟糕的是，很多推銷員卻認為替客戶提供優質服務賺不了什麼錢。乍看之下，這種觀點好像很正確，因為停止服務可以騰出更多的時間去發現、爭取新的客戶。但是，事實卻不是那麼回事。人們的確欣賞高品質服務，他們願意一次又一次地回頭光顧你的生意，更重要的是，他們樂意介紹別人給你，這就是所謂的「滾雪球效應」。

最後，陶德·鄧肯告訴我們：「服務，服務，再服務。為你的客戶提供持久的優質服務，使他們一有與別人合作的想法就會感到內疚不已！成功的推銷生涯正是建立在這類服務基礎上的。」

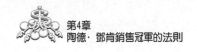

80／20法則——重點出擊，高利回報

在做每一項工作前思考80／20法則，真正領悟應該如何選擇與放棄。

◆發現80／20法則

80／20法則是由義大利著名經濟學家維爾弗雷德·帕累托發現的，1895年他首度發表了有關這一原則的論文。因此，這一法則也被稱為「帕累托法則」。帕累托注意到，社會上的人似乎很自然地分為兩大類，一類被他稱為「舉足輕重的少數人」，另外一類則是「無足輕重的多數人」。前者在金錢和地位方面聲名顯赫，約佔總人數的20%；後者生活在社會底層，約佔80%。

帕累托後來還發現，幾乎所有的經濟活動都受80／20法則的支配。根據這一法則，20%的努力產生80%的結果，20%的客戶帶來了80%的銷售額，20%的產品或者服務創造

了80%的利潤，20%的工作能夠體現80%的價值，等等。這意味著，如果你有10件工作要做，其中2件的價值比另外8件加起來還要大。

◆80／20法則在推銷工作中的應用

在你剛剛成為一個推銷新手的時候，一定要花80%的時間和精力去向內行學習和請教，或用80%的時間和精力投入一次強化培訓。這樣，在你真正進行推銷的時候，就可以利用20%的時間和精力去學習新東西，否則，你花了80%的時間和精力，也只能取得20%的業績。

在你去推銷的時候，勤奮是你的靈魂。唯有80%的勤奮和努力，才能有80%的成果。20%的付出，只能有20%的回報。付出和所得永遠是均等的。所以，在你的推銷生涯中，80%的時間是工作；20%的時間是休息。你可能花80%的精力，得來20%的業績，但絕不可能花20%的精力，得來80%的輝煌。

如果你對目標顧客能夠瞭解80%，並對其個性、愛好、家庭情況有更多的掌握，那麼在面對面推銷的時候，就只要花20%的努力，成功的把握就可以達到80%。如果你對推銷對象一無所知，儘管你在客戶面前極盡80%之努力，也只有20%成功的希望。

在你推銷的市場上，真正能夠成為你的客戶、接受你的推銷的人，只有20%，但這些人卻會影響其他80%的顧客。所以，你要花80%的精力向這20%的顧客進行推銷。如果能夠做到這樣，也就意味著成功。因為80%的業績來自20%的老顧客。這20%的老顧客，才是最好的顧客。

上帝給了我們兩隻耳朵、一個嘴巴，就是叫我們少說多聽，推銷的一個秘訣，就是使用80%的耳朵去傾聽顧客的話，使用20%的嘴巴去說服顧客。如果在顧客面前，80%的時間你都在嘮叨個不停，推銷成功的希望將隨著你滔滔不絕地講解，從80%慢慢滑向20%。顧客的拒絕心理，將從20%慢慢爬到80%。你最終將從那裡灰溜溜地退出去。

推銷員沒有第二次機會在顧客面前改變自己的第一印象。第一印象80%來自儀表。所以，花20%的時間，修飾一番再出門是必要的。在顧客面前，你一定要有80%的時間是微笑的。微笑，是友好的信號，它勝過你用80%的言辭所建立起的形象。如果在顧客面前，你只有20%的時間是微笑的，那麼，會有80%的顧客認為你是嚴肅的，不易接近的。

推銷的成功，80%來自交流、建立感情的成功，20%來自示範、介紹產品的成功。如果你用80%的精力使自己接近顧客，設法與他友好；這樣，你只消花20%的時間去介紹產品的利益，就有八成的成功希望了。但假如你只用20%的努力去與顧客談交情，那麼，你用80%的努力去介紹產品，八成是白費勁。

推銷，是從被顧客拒絕開始。在你的推銷實踐中，80%的將是失敗，20%的將是成功。除非是賣方市場，不可能倒置。在剛剛加入推銷這一行列的人當中，將有80%的人會因四處碰壁畏難而退，留下來的20％的人將成為推銷界的精英。這20％的人，將為他們的企業帶來80％的利益。

作為推銷員本人，在你的一生中，你可能只有20％的時間是在推銷產品，但是，這為你80％的人生創造財富，取得成功。

在你推銷的過程中，你會發現，你推銷的顧客當中，會有80％的人眾口一詞，說你的產品價格太高，但是，機會大量地存在於這80％的顧客中。

第5章

托尼．高登的成功之路

22歲時開始從事壽險業，他自己也承認前八年收入僅夠餬口。突然有一天，他漫長的學徒生涯結束了，他找到了目標、信心以及決心，從而達到了事業的頂峰。1977年他獲得百萬圓桌協會的會員資格，1978年獲得該協會頂尖會員的資格；1989年他被邀請擔任圓桌協會頂尖會員主席，2001年他成為了圓桌協會第一位來自北美以外地區的主席。只有不斷進步，不斷超越自我，我們才不會被淘汰，才能有更輝煌的明天。止步不前者，永遠無法欣賞到最美的風景。

放棄你頭腦中的一切

放下過去，別老盯著昨天，推銷能力來源於經驗，戰勝自己，多多為未來儲存能量。托尼．高登因此打開了人生的輝煌局面。

◆過去不代表未來

1920年，美國田納西州一個小鎮上，有個小女孩出生了。她的媽媽只給她取了個小名，叫小芳。小芳漸漸懂事後，發現自己與其他孩子不一樣：她沒有爸爸，她是私生女。人們總是用那種冰冷、鄙夷的眼光看她：這是一個沒有父親的孩子，沒有教養的孩子，一個不好的家庭的孽種。於是她變得越來越脆弱，開始封閉自我，逃避現實，不與人接觸。

小芳13歲那年，鎮上來了一個牧師，從此她的一生便改變了。小芳聽大人說，這個牧師非常好。她非常羨慕別的孩子一到禮拜天，便跟著自己的雙親，手牽手地走進教堂。很多次她只能偷偷地躲在遠處，看著鎮上人笑著從教堂裡走出來。她只能透過教堂莊嚴神聖的鐘聲和人們面部的神情，想像教堂裡是什麼樣以及人們在裡面幹什麼。

有一天，她終於鼓起勇氣，待人們進入教堂後，偷偷溜進去，躲在後排傾聽——牧師正在講：

「過去不等於未來。過去你成功了，並不代表未來還會成功；過去失敗了，也不代表未來就要失敗。過去的成功或是失敗，那只代表過去，未來是靠現在決定的。現在幹什麼，選擇什麼，就決定了未來是什麼！失敗的人不要氣餒，成功的人也不要驕傲。成功和失敗都不是最終結果，它只是人生過程的一個事件。因此，這個世界不會有永遠成功的人，也沒有永遠失敗的人。」

第一次聽過後，就有第二次、第三次、第四次、第五次冒險——但每次都是偷聽幾句話就快速消失掉。因為她懦弱、膽怯、自卑，她認為自己沒有資格進教堂。她和常人不一樣。

一次，小芳聽得入了迷，完全忘記了時間的存在，直到教堂的鐘聲敲響才猛然驚醒，她已經來不及了。率先離開的人們堵住了她迅速出逃的去路。她只得低頭尾隨人群，慢慢移動。突然，一隻手搭在她的肩上，她驚惶地順著這隻手臂望上去，正是牧師。

「你是誰家的孩子？」牧師溫和地問道。

這句話是她十多年來，最最害怕聽到的。

這個時候，牧師臉上浮起慈祥的笑容，說：

「噢——我知道了，我知道你是誰家的孩子——你是上帝的孩子。」

然後，撫摸著小芳的頭髮說：

「這裡所有的人和你一樣，都是上帝的孩子！過去不等於未來——不論你過去怎麼不幸，這都不重要。重要的是你對未來必須充滿希望。現在就做出決定，做你想做的人。孩子，你要知道，人最重要的不是你從哪兒來，而是你要到哪兒去。只要你對未來保持希望，你現在就會充滿力量。不論你過去怎樣，那都已經過去了。只要你調整心態，明確目標，樂觀積極地去行動，那麼成功就是你的。」

牧師的話音剛落，教堂裡頓時爆發出熱烈的掌聲——沒有人說一句話，掌聲就是理解，是歉意，是承認，是歡迎！

從此，小芳變了……在40歲那年，小芳榮任田納西州州長，之後，棄政從商，成為世界500家最大企業之一的公司總裁，成為全球赫赫有名的成功人物。67歲時，她出版了自己的回憶錄《攀越巔峰》。在書的扉頁上，她寫下了這句話：過去不等於未來！

這句話也送給你。不管過去你是成功還是失敗，都不要太在意，未來才是一切，才是你最應該努力的。雙眼向前看，你才能一路平安走下去，如果眼睛盯著後邊，你怎麼能不摔跤呢？

◆放棄過去並不意味著放棄經驗

推銷員剛剛進入推銷這個行業時，作為業務新手，遇到這種問題，與其跟同樣資歷不深的人討論銷路好與壞，還不如去問問優秀的前輩。但是，這並不是說每件事都要一一去問，如果你凡事必問的話會給人留下沒有主見或者愚笨的印象，也沒有人願意總是幫助一個愚者。

可是當你有懷疑時，不妨找一位你熟悉的資歷老、業績高的推銷員，向他虛心請教：「您看銷路如何，價錢定多少比較合適？」這時候他的答案往往是很正確的。尤其是現在暫時還在後方工作而不瞭解一線情形的人，或者沒有什麼經驗的新手，這樣做會使你的工作效率明顯地提高。

有的人自命不凡，自作聰明，「這樣高價的東西賣不出」或「這種東西怎麼可以賣」，但等到別人賣得很好，再後悔已經無濟於事了，並已經輸在了起跑線上。其實做推銷的方法當然有多種，真正的優秀推銷員，是需要一天一天地積累。想要獲得創新能力也是需要厚積而薄發的。沒有平時的積累，就算有了創新，很有可能也是沒有可行性的創造，這樣的創造不但不能給你帶來益處，還有可能讓人覺得你是一個不能腳踏實地的人。

要想成為一個卓有成就的推銷員，不僅要讓自己的知識跟上時代的步伐，在能力上，尤其是工作需要的技巧上，也要齊頭並進。但是，這其中最重要的卻是如何掌握學習新的知識和新的技巧的方法。下面學習的方法，如果你能夠熟練運用，那麼，相信你的素質和水準一定會逐漸得到提高，從而贏得競爭的優勢。

在由推銷員、顧客、公司等多方組成的市場中，推銷員要有靈敏的市場直覺，像嬰兒一樣充滿好奇地搜集關於顧客、商品、競爭對手的資訊，且及時做出適當反應。這種直覺一方面可以借助書本，但更重要的是在推銷過程中不斷學習。世界船王包玉剛先生在哈佛商學院的演說中曾強調：「推銷才能基本上是從經驗建立起來的。」

著名未來學家阿爾溫．托夫勒在《PowerShift》中預言：人類社會正進入資訊時代，資訊就是控制、影響他人的權力。推銷過程就是一個資訊傳遞過程，推銷員是透過語言來傳遞資訊，改變顧客態度，從而使其接受商品。幽默動人、富有感染力的語言技巧也是推銷員必備的素質。這裡，我們提醒推銷員，要重視幽默在推銷中的巨大威力——儘管不是所有的客戶都具有幽默感。

傑出的推銷員肯定善於管理自我，他們高效率地運用自己的時間，不斷為自己設定更高的目標，隨時反省檢查推銷的成效和失誤，像嬰兒一樣貪婪地吮吸著新知識、新技術的乳汁。對於推銷員而言，一日之計在於夜，在每天夜間應當把一天推銷的心得記下來，並對第二天的推銷日程做好詳細的規劃。

總而言之，如果你想成為一個傑出的推銷員的話，當你做到全心地投入到一個追求長期收益的活動的時候，比如說學習，你應該克制自己追求即刻滿足感的欲望。追求即刻滿足感的人在學習一項複雜又需要長期堅持的活動時，往往很快就會放棄。相反，如果你耐心地花時間學習更高水準的技巧，你就有機會體會到獲得一種長期的利益所帶來的成就感。需要記住的是，在這個時候你只是一個初學者，從事學習這樣複雜的活動時，是沒有捷徑可言的。這或許也是取得巨大成就的一個代價，雖然成功的代價不僅止於此，但是只有付出過且有收穫的人才能真正體會成功對於自己來說絕不僅僅是掌聲、榮耀那麼簡單。

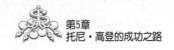

為了更好的明天學習

托尼．高登說，現在社會科學技術飛速發展，有一種說法，說文憑有效期僅為三個月，社會上提倡終生學習，因為學習才能制勝。每一個人每天都要學習，時時不忘充電，並且把學到知識運用到實際工作中。這樣做了，你還有什麼理由不優秀呢？

◆知識就是能力，學習制勝

被稱為「全球第一女CEO」的前惠普公司董事長兼CEO卡莉．費奧莉納女士，她的職業生涯是從秘書工作開始的，她就是在不斷地學習中提升自己的價值，一步步地走向成功的。

卡莉．費奧莉納學過法律，也學過歷史和哲學，但這並不能足以推動她最終成為CEO。她明白不斷學習是成就一名CEO最基本的要素，何況她自己不是技術科班出身，要在惠普這樣以技術創新而聞名的公司立足，只有不斷努力地學習，在工作中總結過去的經驗，適應新環境和新變化。她還從自己的興趣出發，尋找公司中適合的崗位，這使她能最大限度地在工作中學習新的知識和積累經驗。

她說：「在惠普，不只是我需要在工作中不斷學習，整個惠普都有鼓勵員工學習的機制，每過一段時間，大家就會坐在一起互相交流，瞭解對方和整個公司的動態，瞭解業界的新動向。這些小事情，是保證大家步伐緊跟時代、在工作中不斷自我更新的好辦法。」

費奧莉納透過在工作中不斷學習，提高自己解決問題的實際能力，才成長為一名成功的CEO。對於一名普通員工，無論是處在職業生涯的哪個階段，學習腳步同樣不能稍有停歇，要把工作視為繼續學習的新課堂。你的知識對於所服務的公司而言是很有價值的寶庫，要主動學習，否則你的技能就會落在時代的後頭。

很多人在大學畢業拿到文憑以後就以為其知識儲備已經完成，足以應付職場中風雨困苦，可以高枕無憂了。殊不知，文憑只能表明你在過去的幾年受過基礎訓練，並不意味你在後來的工作中就能應付自如，文憑上沒有期限，但實際上其效力是有期限的。

有一家大公司的總經理對前來應聘的大學畢業生說：「你的文憑只代表你應有的文化程度，它的價值會體現在你的底薪上，但有效期只有三個月。要想在我這裡幹下去，就必須知道你該學些什麼東西，如果不知道該學些什麼新東西，你的文憑在我這裡就會失效。」

在這個急速變化的時代，學校教育的知識往往顯得過於陳舊，只有在第二個階段繼續學習才能適應這種迅速變化，滿足工作的需要，跟上時代的步伐。可見，文憑不能涵蓋全部知識的學習，不斷地學習新知識和技能，才能在職場上得以立足和發展。

凱撒領軍出征，每每獲勝必以酒肉金銀犒賞三軍。隨行的親兵仗著酒膽，問凱撒：「這些年來，我跟著您出生入死，征戰沙場，歷經戰役無數。同期入伍的兄弟，升官的升官，任將的任將，為什麼直到現在我還是小兵一個呢？」

凱撒指著身邊一頭驢，說：「這些年來，這頭驢也跟著我出生入死，征戰沙場，歷經戰役無數。為什麼直到現在牠還是一頭驢呢？」

許多人通常都會問同樣的問題，為什麼近幾年忙來忙去總感覺自己還在原地踏步，為什麼那些原來並不出色的人卻能春風得意，還要多久我才能揚眉吐氣呢？

凱撒在2000多年前就給出了答案——問題不是你做了多久，而是你有沒有在進步！

當今，是一個靠學習力決定高低的資訊經濟時代，每一個人都有機會可以勝出。現在的社會，要想永遠立於不敗之地，就必須擁有自己的核心競爭力。要想擁有超強的核心競爭力，就必須擁有超強的學習力。

隨著知識經濟的興起，光憑藉他人的經驗和自己已有的經驗是遠遠不夠的。要想當「冠軍」需要不斷地獲取新的知識才能保持自己與社會同步。你是一個需要每天接觸不同的人或者不同產品的推銷員，所以必須有一個廣闊的知識平臺。很多技術性、專業性強的東西，你不一定要深入瞭解，但是你不能夠完全不瞭解。如果是這樣的話，會因客戶發現你在相關領域所表現出來的無知而輕視你。

托尼・高登告訴我們，要成為專業銷售人員，就要有隨時會有人超過你，比你更出色，應該隨時不斷學習以提高自己的心理準備。至於可以學習的對象，只要你留意，無論是顧客、對手、主管上司都是你學習的對象，特別提醒一點，不要忘了向自己學習。

◆時時充電，每天都學習

有位農場主，他的拖拉機出了毛病，沒法再開。他和朋友們想盡辦法也沒能修好。最後，他不得不請來一位機械修理專家。

那位專家仔細地察看了拖拉機，他打開蓋子，動了動啟動器，認真地檢查了每樣零部件，最後，他拿起一把錘子，照著馬達的某一部位敲了一錘，立刻，馬達就重新開始轉了起來。

農場主對專家表示感謝，以為根本就不用花什麼錢，可是，當他接過專家遞給他的帳單時，居然發現要收費50美元，他大叫：「什麼？就那麼簡單地敲一錘子，就要50美元？」「親愛的朋友，」專家回答道，「敲這麼一錘子，我只要1美元，可往哪裡敲這一錘子，就值49美元。」

這就是在職業中積累起來的知識和技能的價值所在，這也是成功的資本。所以，在工作中不斷地學習是非常有價值的。

在這個知識經濟的時代，我們必須注重自己的學習能力，必須能夠勤於學習，善於學習，時時不忘記學習，只有不間斷的終身學習，才能在競爭激烈的社會中立於不敗之地。

首先，向同行學習。

兩位卡車推銷員同時希望得到一家建築承包商的訂單，小A相信他能獲得訂單，並對此確信無疑，因為他的卡車無論在品質上、速度上還是造型上，都超過了競爭對手，在與顧客洽談業務時，小A分別從十三個方面論述了卡車的優點，顧客反應良好，也沒有提出任何異議。儘管顧客沒有馬上訂貨，但小A認為，這次業務洽談非常成功，他堅信顧客遲早會向他訂貨的。

但幾天以後，小A卻得知他的競爭對手獲得了承包商的訂單，這使他和他的老闆感到十分驚訝。推銷藝術在很大程度上是針對顧客的具體情況，強調那些使顧客特別感興趣的質量特點。小A列舉了產品品質方面的一些優點，並向顧客一一加以解釋；而他的競爭對手卻把洽談的中心內容集中在卡車的運載量和操縱靈活性這兩點上，因為顧客是一個建築承包商，這兩點對他最重要，也是他最感興趣的問題。因此小A應向他的競爭對手學習，以同樣的方式進行推銷，因為他的卡車也具備這些特點。這要比羅列卡車的品質、特點、效果要好得多。

小B是做綠色食品——食用仙人掌推銷工作的，剛開始時，他的推銷經常遭到拒絕，但他認為他的口才和推銷技巧都不比別人差，那麼，問題究竟出在哪裡呢？他的一位同事卻每天都能賣出很多，並且與幾家大酒店簽訂了長期的訂貨合約。小B覺得很奇怪，就在一次聚會時向同事請教成功推銷的經驗。

同事說：「我也沒有用什麼方法，只是將食用仙人掌的做法告訴那些飯店的廚師，並請他們做出來先品嘗一下。因為這種菜以前從沒有人做過，更沒有人吃過。如果花錢買來了卻不會做，那買它做什麼呢？」小B聽了以後感覺有理。在以後的推銷工作中，他總是耐心地將仙人掌的幾種做法告訴飯店的採購員和廚師。

有些時候，推銷人員確實應該多向別人——特別是自己的同事或競爭對手學習一點，汲取他們成功的經驗，不斷提高自己的推銷技巧，從而提高自己的推銷效率。「他山之石，可以攻玉」，如果用別人的成功經驗，可以達到同樣的成功，我們又何樂而不為呢？難道還非要去開闢一條荊棘的小路，才能達到成功的巔峰嗎？當然沒有這種必要，完全沒有。

其次，掌握專業知識。

當你對客戶推銷產品時，你除了讓客戶在視覺上接受產品之外，你還必須向客戶進行更重要的專業知識的說明，這樣，你才能使客戶信服，增強你的說服力。

作為一名推銷人員，從事的是與「錢」、「人」有關的行業，而「錢」是經濟活動的媒介，當然更應該提升自己對經濟的敏感度。

除了本身的專業知識及技巧外，更需要時時充實自我，基本的理財投資常識、經濟景氣的循環變動、稅法、醫療保險，等等，都必須時時加以關心注意，以擴展自己的知識面，積極扮演好自己在社會中所擔任的角色。

只有擁有精深的專業知識，才能替客戶做最好的理財規劃。擁有廣泛的知識，才能創造源源不斷的話題，應付來自客戶的各種疑問。從事推銷工作，做到對自己推銷的商品擁有足夠的知識是非常重要的。如果做不到這一點，就不可能對它抱有信心，至於什麼自豪感，就更無從談起了。

托尼·高登說：「每個優秀的推銷人員都應當瞭解自己的經營推銷背景和前景，如果你想獲得極大的成功，你就必須在自己的推銷範圍內成為一名專家。」

愛上你正進行中的工作

勇敢的告訴別人，「我是一個推銷員」。用心感受推銷工作的偉大，熱愛你的工作，享受工作中的樂趣，告訴自己，工作之中有麵包。因為這樣，托尼·高登走了成功之路。

◆告訴別人你是一個推銷員

長久以來，人們對推銷的認知較低，推銷員是一個最容易被人誤解，甚至看輕的職業。但在今天，推銷員已逐漸為大眾所接受。

然而，世界各地有許多推銷員，至今仍羞於承認他們的職業，而使用各種頭銜來掩飾推銷員工的身分，如代表、顧問、AE、仲介、助理、行銷專家、經理人、律師、傳銷商、業務執行、經紀人……他們一直不願公開承認自己就是推銷員！

但我們相信情況正逐漸好轉，讓我們大聲又驕傲地宣佈：「各位先生、各位女士，你和我已經克服了人們對推銷從業人員的偏見和敵意，我們所從事的工作，是世界上最高貴、最有趣的工作，我們是精英團體的成員，我們是最棒的推銷員！」

事實上，推銷員這一工作既能給自己帶來不菲的收入，又能給他人帶來好處。不要害羞，大膽承認你的職業！告訴身邊所有的人，這項職業其實給了你一個幫助他人的好機會。醫生治好病人的病，律師幫人排憂解難，而身為推銷員的你，則為世人帶來舒適、幸福的服務。

通常，成功的推銷員都對自己的成就感到滿意。大多數成功的推銷員為人處事也很成功。他們樂於聽取朋友的意見和忠告，其本身滿懷的自信也幫助他們克服許多困難。他們非常重視自己的聲譽。

就像傑出的運動員一樣，推銷員都是鬥士，必須有決心要贏。他們樂於因勝利而為人稱頌，喜歡一遍又一遍數著成功的果實。

建議你找到一個可以作為榜樣的成功推銷員，這個典範可幫助你提升自己，並抗拒家人、親友對你加入推銷行業的不滿和阻力。試著和這個行業的名人打交道，你會發現，他們對自我和成就的「驕傲」，一如前面的描述。跟隨他們，學習他們，要做得和他們一樣好。

當你做成一筆生意時，感覺多麼舒暢啊！如果你對自己很滿意，千萬不要羞於承認。告訴全世界的人，你為自己的勝利感到驕傲，並且要立刻走出門去，再談另一筆生意！

推銷員都是值得驕傲的人，希望你也是這樣！

想成為冠軍推銷員嗎？那麼首先要記住的是，你從事的銷售或者說推銷，並不是用來果腹的簡單工作，而是一項幫助你登上成功高峰的事業，是一項偉大的事業！

法國有一首歌《販賣幸福的人》。幸福本來不是商品，不可以販賣。但是如果你是一個推銷員，你可以透過讓需要的人購買你的產品，讓他們生活得更加幸福。試想一下，是你，讓一個容貌不夠美麗的女子變得迷人；是你，讓一個盲人可以自由地行走，感受世界；是你讓被鋼筋水泥束縛的小孩子擁有一個自由的童年……這是一個讓人多麼幸福的事業！因此，你，就是那個販賣幸福的人！而往往販賣幸福的人才是一個真正幸福的人。

推銷員是一個美妙的職業。從你開始你的事業生涯，你的工作並不會像其他的職業那樣單調，日復一日。你會發現你每天都會遇到不同的人、不一樣的事情，每一天都要將幸福送出去，每一天都會有新的東西等你去瞭解，去學習，去獲取！簡單地看來，似乎很底層的業務工作至少可以讓你在每一天都看見自己的進步，自己的努力獲得的成就，這些果實會逐漸明確地呈現出來。因此，在這個舞臺上，你可以看見自己的最佳表現；此外由於接觸到多種多樣的人，你平時會自動地積累各方面的知識，厚積薄發，這些資本日後就是你成功或者晉升管理層的基石！

現在，請大聲告訴全世界：「我是一個推銷員，我是一個從事偉大事業的人！」一定要從自己的內心感受到這份事業的偉大，並且記住，你成功的第一步已經邁出！

◆全心愛上你的工作

托尼．高登認為，成功的起點是首先要熱愛自己的職業。無論從事什麼職業，世界上一定有人討厭你和你的職業，那是別人的問題。「就算你是挖地溝的，如果你喜歡，關別人什麼事？」

他曾問一個神情沮喪的人是做什麼的，那人說是推銷員。吉拉德告訴對方：銷售員怎麼能是你這種狀態，如果你是醫生，那你的病人會殺了你，因為你的狀態很可怕。

他也被人問起過職業。聽到答案後對方不屑一顧：你是賣汽車的，但托尼．高登並不理會：我就是一個銷售員，我熱愛我做的工作。

美國前第一夫人埃莉諾．羅斯福曾經說過：「沒有得到你的同意，任何人也無法讓你感到自慚形穢。」托尼．高登認為在推銷這一行尤其如此，如果你把自己看得低人一等，那麼你在別人眼裡也就真的低人一等。

工作是通向健康、通向財富之路。托尼．高登認為，它可以使你一步步向上走。

所以，既然你選擇了推銷工作，最好在這個職業上待下去。因為，所有的工作都會有問題，明天不會比今天好多少，但是，如果頻頻跳槽，情況會變得更糟。他特別強調，一次只做一件事。以樹為例，從栽上樹苗，精心呵護，到它慢慢長大，就會給你回報。你在那裡待得越久，樹就會長得越高大，回報也就相應越多。

身為一名推銷員應該以推銷業為榮，因為它是一份值得別人尊敬及會使人有成就感的職業，如果有任何方法能使失業率降到最低，推銷即是其中最必要的條件。你要知道，一個普通的推銷員可為30位工廠的員工提供穩定的工作機會。這樣的工作，怎麼能說不是重要的呢？

吉拉德說：「每一個推銷員都應以自己的職業為驕傲，因為推銷員推動了整個世界。如果我們不把貨物從貨架上和倉庫裡面運出來，整個社會體系的鐘就要停擺了。」

一個身強力壯的小夥子，卻整天沒有工作幹勁，另一個白髮蒼蒼的七旬老叟，卻能把事情做得比我們所有人都好。兩者為什麼會有這麼明顯的不同？

顯而易見，其差別在於態度——前者不愛自己從事的工作，而後者酷愛自己的工作。一般來說，一個人越是熱愛自己的工作，幹勁就會越大，取得的成績也越多。

某人曾和鄰居家的孩子有過這樣一段對話：

「學校裡的情況怎樣？」

「我覺得不錯。」

「你的英語課學得怎麼樣？」

「糟透了，枯燥無味，我每天在課堂上打瞌睡。」

「那政治課呢？」

「也不行。上政治課時我同樣睏得睜不開眼，我們的老師確實糟透了。」

「物理課呢？」

「哦，」他突然眉開眼笑，「物理考試我得了滿分。我就喜歡這門課，特別是實驗。我長大以後想當一名物理學家。」

很顯然，這個孩子對課程的喜惡態度對其分數有重大影響。

熱愛你的工作吧，推銷員朋友，這是成為冠軍推銷員不可缺少的。拿破崙說，不想當將軍的士兵不是好士兵，同樣，不想當冠軍推銷員的推銷員，不是好推銷員。

◆要想得到就要付出

從前有位窮人，他只有一小塊土地和一小袋種子。到了耕種的季節，他每天天亮就起床下地幹活，精心地在自己貧瘠的土地上播種。到了正午，太陽火辣辣地照在肩膀上，他就來到一個樹樁邊休息。當他坐下的時候，一小把種子順著他的口袋滾了出來，掉進了樹樁下的洞裡。

「哎，它們在這裡根本沒辦法生長，」這個人嘆息道，「即使這麼一點種子，我也丟不起。」於是，他回到地裡拿來鐵鍬，開始在樹樁的根部挖。天氣越來越熱，汗水順著他的後背、額頭往下淌，他根本無暇顧及這些，還是在那裡認真地挖。最後，他終於在一個深埋在地下的鐵盒子上找到了它們。他打開盒子，發現裡面全都是黃金——這足夠讓他後半生都衣食無憂，過上幸福快樂的日子。後來，人們總是對他說：「你一定是世界上最幸運的人。」

「是的，我很幸運，」他說，「但我日出而作，在炎熱的天氣裡挖種子，我沒有浪費掉一粒種子，況且那些金子也是我用勞動的雙手挖出來的，不是天上掉下來的。」

任何一項工作都蘊含著無限的成長機會，機會也總是光顧那些努力工作的員工。不必為自己的前程煩惱，一切盡在努力工作中，努力工作能讓你迅速成長起來。

人要吃飯，要穿衣，要買房，要買車，要養兒育女，還要享受快樂……如果想要吃得飽、穿得暖、住得好、行得便，把下一代撫育成才，就必須努力工作。努力工作一定會讓你如願以償，因為工作之中有麵包，工作之中有財富。

在工作時，要時刻告誡自己：要為自己的現在和將來而勤奮努力，不要過分考慮自己的工資；應該用更多的時間去學習新的知識，培養自己的能力，展現自己的才華，把工作看成一種經驗的積累，因為這些東西才是真正的無價之寶。

工作是人生的一種需要，是人生不可或缺的、無法避開的一部分。從工作中找到樂趣並熱愛它，你也會變得快樂起來，感覺工作不再是一件苦差事。

史密斯先生年輕的時候，在一家機械廠當看管旋釘子機器的工人，每天必須和釘子打交道，在釘子堆裡摸爬滾打。由於工作單調、無聊、重複、枯燥，加之又不需要什麼技術，因此他覺得這個工作真是糟糕透頂。

史密斯先生想：「難道真沒有什麼辦法讓我熱愛自己的工作嗎？」於是他開始想辦法來增進工作的趣味性。幾天後，他對同事說：「我們來進行比賽吧，以後你負責做旋釘機上磨釘子的工作，把釘子外面的毛刺磨光，我呢，負責做旋釘子的工作，每次誰做得最快誰就贏了。」他的提議得到了同事的熱烈回應。從那時起，他們每一工作便開始競爭，結果工作效率竟然提高了兩倍。毫無疑問，他們的工作成績得到了老闆的大力讚賞，不久他們便升遷了。

托尼·高登認為，人生最有價值的事莫過於工作，當你感覺到工作對你來說是一種樂趣而不是負擔時，你一定會把工作做得更好。渴望快樂就必須工作！

與大家分享你的快樂

好心情也要與大家分享，與大家分享你的快樂，帶著好心情去工作，你會發現，世界如此美好。

◆金錢替代不了親情

從前有個特別愛財的國王，一天，他跟神說：「請教給我點金術，讓我伸手所能摸到的都變成金了，我要使我的王宮到處都金碧輝煌。」

神說：「好吧。」

於是第二天，國王剛一起床，他伸手摸到的衣服就變成了金子，他高興得不得了。然後他吃早餐，伸手摸到的牛奶也變成了金子；摸到的麵包也變成了金子，他這時覺得有點不舒服了。因為他吃不成早餐，得餓肚子了。他每天上午都要去王宮裡的大花園散步。當他走進花園時，看到一朵紅玫瑰開放得非常嬌豔，情不自禁地上前撫摸了一下，玫瑰立刻也變成了金子。他感到有點遺憾。這一天裡，他只要一伸手，所觸摸的任何物品全部變成金子。後來，他越來越恐懼，嚇得不敢伸手了。他已經餓了一整天。到了晚上，他最喜歡的小女兒來拜見他，他拚命地喊著：「女兒別過來！」可是天真活潑的女兒仍然像往常一樣徑直跑到父親身邊，伸出雙臂來擁抱他，結果女兒變成了一尊金像。

這時國王大哭起來，他再也不想要這個點金術了，他跑到神那裡，跟神祈求：「神啊，請寬恕我吧，我再也不貪戀金子了，請把我心愛的女兒還給我吧！」

神說：「那好吧，你去河裡把你的手洗乾淨。」

國王馬上到河邊拚命地搓洗雙手，然後趕快跑去擁抱女兒，女兒又變回了天真活潑的模樣。

人，不光需要財富，更離不開親情和愛。人是感情的動物，小氣冷漠，只會割斷親情，使自己成為孤家寡人。過分貪婪者會失掉許多最美好的東西。

金錢固然重要，但如果因為索取金錢而拋棄親情，則金錢帶來的滿足絕不會持久。能夠持久地使人身心健康，愉快自如地應付生活中的一切挑戰的，唯有親情所賦予的力量。

所以，任何時候，都要善待你的家人，不要讓貪心毀了親情。

◆情感需要分享

一位猶太教的長老酷愛打高爾夫球。

在一個安息日，他覺得手癢，很想去揮杆，但猶太教規定，信徒在安息日必須休息，什麼事都不能做。

這位長老實在忍不住，決定偷偷去高爾夫球場，想著打9個洞就好了。

由於安息日猶太教徒都不會出門，球場上一個人也沒有，因此長老覺得不會有人知道他違反規定。

然而，當長老在打第二洞時，卻被天使發現了，天使生氣地到上帝面前告狀，說某某長老不守教義，居然在安息日出門打高爾夫球。

上帝聽了，就跟天使說，會好好懲罰這個長老。

第三個洞開始，長老打出超完美的成績，幾乎都是一杆進洞。

長老興奮莫名，到打第七個洞時，天使又跑去找上帝：上帝呀，你不是要懲罰長老嗎？為何還不見有懲罰？

上帝說：我已經在懲罰他了。

直到打完第九個洞，長老都是一杆進洞。

因為打得太神乎其技了，於是長老決定再打9個洞。

天使又去找上帝了：到底懲罰在哪裡？

上帝只是笑而不答。

打完18洞，成績比任何一位世界級的職業高爾夫球手都優秀，把長老樂壞了。

天使很生氣地問上帝：這就是你對長老的懲罰嗎？

上帝說：正是。你想想，他有這麼驚人的成績以及興奮的心情，卻不能跟任何人說，這不是最好的懲罰嗎？

快樂和痛苦都要有人分享。沒有人分享的人生，無論面對的是快樂還是痛苦，都是一種懲罰。

我們常有這樣的體驗：當我們因為某一件事而快樂或者痛苦時，都想迫不及待地告訴親人或者朋友，讓他們分享快樂或者從他們那裡尋求安慰。其實，人的內心都有脆弱、孤獨的一面，大喜大悲都難以獨自承受。如果沒有分享，快樂便不再是快樂，痛苦卻變得更加痛苦。

分享快樂，快樂加倍，分擔痛苦，痛苦減半。

◆帶著好心情去上班

現代社會人們承受著較大的生活壓力與工作、學習壓力，平素的快節奏生活狀態，患

「心理疲勞」者佔60％以上，來自各方面的危機時常困擾著上班一族。平日忙碌的上班族，臉上沒有光彩，精神有些不濟，同事相見，也只是淡淡地點個頭，擦肩而過。上班沒勁，這種情緒像感冒一樣，容易傳染同事。

緊張的工作，讓人們常常忙得迷失了自我，日復一日的工作，壓力難以舒緩。整天生活在混亂、緊張和憂慮的情緒中，難得有一份好心情。不良的情緒不僅讓我們的生活缺少樂趣，也嚴重影響著我們的工作。讓自己出色的能力難以發揮，業績很難得到提高。

擁有好的心情，學會經營工作，學會開心地享受工作，才會獲得工作的動力。

人的心情每天都會隨著人和事的變化而變化，有時晴空萬里，看任何人都很順眼，做任何事都很順利，覺得生活有滋有味。有時心情很沉悶、很壓抑、很糟糕，事情也做不好，動不動就想發火，導致與家人、鄰居或同事搞得不愉快，事後又很後悔，覺得不該這樣做，因此，我們在任何時候都需要有一個好心情，然而這又談何容易呢。

其實好心情是自己培養出來的。

五花八門的工作目的，帶來了各式各樣的對於工作的態度。我們也很難說究竟哪個是對的，哪個是錯的。因為這是「仁者見仁，智者見智」的事情。但是為了能夠獲得愉悅的工作環境和工作體驗，為了能夠使自己快樂地工作，擁有上班的好心情，我們還是應該對自己的工作目的有一個理性的審視。

好好為自己服務一下。每天下班，饑餓和疲勞同時折磨著你，這個時候首先為自己做點好吃的，然後沖個熱水澡，洗盡一身的風塵和疲憊，最後無牽無掛地、好好地睡一覺，這樣不僅可以使自己有一個好心情，而且還有助於身心健康。

好好調節一下心情。不少人的心情總是跟季節、自然景觀和天氣的變化有關，比如對碧空如洗、風和日麗、百花爭妍的日子，心情就很好，對陰雨連綿、狂風呼嘯、月缺花殘、草木蕭索、天寒地凍的日子，心情就很差。面對影響好心情的季節、自然環境和天氣的變化，我們應該自己調節一下，如看看有關這些季節裡的書或文學作品，如欣賞一些有關的名畫，指導孩子用此時的自然景觀、天氣情況寫詩、畫畫等，在雨後天晴、白雪皚皚或煙雨迷濛中到郊外、田野或公園去散散步，透透氣，欣賞一下自然景觀、花草樹木等，一定會使你心情舒暢的。

有這樣一個故事：建築工人在砌磚牆。他們都在忙碌地工作著，可各自的心情卻大不相同。一個工人怨天尤人，覺得工作又累又枯燥；一個工人埋頭苦幹，認命而忍耐；第三個工人卻快樂地吹著口哨，他想像著這堵牆砌好後，也許會有一位老人在牆邊的草地上種他喜歡的花；也許會有一個小男孩在牆上創作太空畫，也許會有一對戀人依偎在牆邊的樹影裡擁吻傾訴……誰都喜歡做第三個工人，誰都願「做」第三個工人。

走上成功事業的巔峰

社會競爭越來越激烈，要求我們絕不能安於現狀，不安於現狀要求我們時刻戰勝自己，主動改進，永遠別說「已經做得夠好了」。托尼·高登認識到了這一點，所以，他成功了。

◆絕不安於現狀

那是在20世紀90年代的一天，有兩個人騎著駱駝行走在非洲的大沙漠裡，他們的目的地是沙漠另一邊的一個小城鎮。

他們帶了好幾壺水和好幾袋食物，足夠應付幾天的供應。

「我們應該加快前進速度，不然會被困在沙漠裡。」進入沙漠的第二天，其中一個人覺得走得太慢了，便對另一個人說。

「怕什麼？我們有這麼多的水和食物，慢慢走吧。」另一個人說。

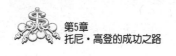

提議走快一點的那個人聽了，覺得有道理，也放棄了走快一點的想法。

然而，就在那天晚上，一場風暴襲來，兩個人的命是保住了，可水、食物、行李都被風暴捲走了，駱駝也失蹤了。

這下子，他們不能再「慢慢走」了。第三天，他們開始拚命地奔跑，可惜的是，由於無水無食，又辨別不清方向，最終沒有走出大沙漠。

足夠多的水和食物，是兩個人當時的「現狀」，安於這樣的「現狀」，兩個人慢慢地走。但無情的風暴毀掉了他們的「現狀」，並最終毀掉了他們的性命。

風暴不是人力可以控制的，「現狀」不是自己可以挽留的。

其實，每一個組織以及每一個人，都會隨時遭遇類似於「風暴」的不可控事件，這些事件會毀掉一切，讓沒有準備的、安於現狀的人陷入絕境。

即使沒有狂風大浪，你所處的境況也每時每刻都在變化，安於現狀只能是一廂情願的夢想，當你從夢中醒來時，你會發現原來所擁有的一切，都已經隨風而逝。因此，你必須，主動變化，在「現狀」變化之前就做好準備，如果等「現狀」消失了再變化，一切都太晚了。

世界上第一輛四輪汽車是福特發明的，在其他汽車公司崛起之前，世界上最受歡迎的汽車是福特的T型車。這種汽車色彩單一，除了黑色還是黑色，樣式也比較古板，但在流水線大批量生產模式下，其成本較低，而且耐用，迎合了當時世界各國消費者的需求，暢銷期長達20年。也許正是因為這種暢銷，讓福特的經營者們誤認為「現狀」可以一成不變，福特王朝可以永遠做汽車業的老大，進而忽視了世界一直都在前進的現實。

20世紀20年代，經濟進一步發展了，美國人的收入增加了，汽車不再僅僅是代步的工具，人們更樂意把它當作地位和身分的象徵。顯然，色彩單一，樣式單一的T型車，已經無法滿足人們的這種需求了。然而，福特公司經營者對這種變化視而不見，福特本人還固執地說：「不管消費者需要什麼，福特公司生產的汽車永遠都是黑色的！」

前進中的世界，終於使停止「現狀」的福特落後了。跟上時代發展的，是順應消費者需求的通用汽車，以及後來的日本豐田和本田等。

你安於現狀，但其他對手仍在進步，你止步不前，換來的只能是落後，落後就面臨被淘汰。你不變，環境每時每刻都在變。

有的老闆，在幾年前還把企業搞得紅紅火火，近幾年卻力不從心了；也有的老闆，過去成功過，後來栽了跟斗，現在想東山再起，卻辦不到了，即使擁有比當年創業時更豐富的資源都無法辦到。

老闆今不如昔，可能有多方面的原因：企業規模大了，他本人卻沒有成長；現在創業門檻更高了，他跨不過去了；市場機會越來越少了，爭奪者卻更多了，競爭更劇烈了；現在的創業環境變化了，他不適應了。這些原因，歸結起來，其本質都是安於現狀造成的。

尤其是環境的變化，讓很多缺乏遠見的老闆吃虧不小。他們總是以為環境不會惡化，只會越來越好，或者至少可以保持現狀。在日新月異的環境中，他們頑固地走著老路子，用著舊方法，守著落後的經營理念。

◆主動改進，而不是被動挨打

在第二次世界大戰中期，美國空軍和降落傘製造商之間發生了分歧，因為降落傘的安全性能不夠。事實上，透過努力，降落傘的合格率已經提高到99.9％了，但軍方要求達到100％，因為如果只達到99.9％，就意味著每1000個跳傘士兵中會有一個因為降落傘的品質問題而送命。但是，降落傘商則認為提高到99.9％就夠好的了，世界上沒有絕對的完美，根本不可能達到100％的合格率。軍方在交涉不成功後，改變了品質檢查辦法。他們從廠商前一周交貨的降落傘中隨機挑出一個，讓廠商負責人裝備上身後，親自從飛機上往下跳。這時，廠商才意識到100％合格率的重要性。奇蹟很快出現了：降落傘的合格率一下子達到了100％。

在通常情況下，99.9％的合格率已經夠好的了。但如此「夠好」，卻意味著每1000個士兵中，就可能有一個人不是死於敵人的槍砲而是死於降落傘的品質問題。

事物永遠沒有「夠好」的時候。

一個人成功與否在於他是否做什麼都力求最好。成功者無論從事什麼工作，都不會輕率疏忽，滿足現狀。相反，他會在工作中以最高的規格要求自己，能做到最好，就必須做到最好。對於老闆來說，這樣的員工才是最有價值的員工，這樣的推銷員也是最棒的推銷員。

工作中的每個人都應該培養自己一絲不苟的工作作風，那種認為小事就可以被忽略或置之不理的想法，正是你做事不能善始善終的根源。它直接導致工作中漏洞百出。要不斷思考如何改進你必須要做的事。當然，在你對既有工作流程尋求改變以前，必須先努力瞭解既有工作流程，以及這樣做的原因。然後質疑既有的工作方法，想一想能不能進一步地改善。

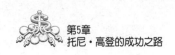

◆不斷戰勝自己

一個失去一條腿的軍人曾說過這樣一段話：「我認為最可怕的敵人便是躲在暗處、看不見的敵人。與明處敵人作戰時，內心具有一種充實感。但我最害怕在密林深處作戰。當你屏息靜氣，不敢發出任何聲響，緊張地注視著周圍時，好像什麼阻力也沒有，甚至連敵人的影子都看不見。時間1分鐘、2分鐘、5分鐘、10分鐘地過去，最令人害怕、毛骨悚然的就是如此的寂靜，當恐怖感滲透全身時，也就到了與那些看不見、摸不著的敵人開始戰鬥的時刻了……」

推銷員同樣也面對著看得見的「敵人」（競爭對手）和看不見的「敵人」（自己）。對於看得見的「敵人」，當然要全力戰勝他，誰都明白應該怎樣去做。為了取得成功，當然要付出相當的努力，因此，對於看得見的「敵人」我們沒有任何懼怕。

真正可怕的是那些看不見的「敵人」，這無形的「敵人」就在你感覺不到的自身之中。所謂推銷，就是即使客戶擺出一副拒絕的架勢，推銷員也要用相應的對策使客戶購買。客戶不想買，你就要用相應的對策來改變客戶的觀點，這就是推銷員的工作。當然，客戶不會輕易改變自己的主意。道理很簡單，你自己一旦有了某種打算，也不會隨意改變，何況是要求別人改變決定呢。同樣是拒絕，方式卻有不同。有時客戶是洗耳恭聽後再禮貌地拒絕，有時卻態度粗暴，令你難以忍受。推銷員差不多每時每刻都在各種拒絕中與「敵人」打交道。假如一個推銷員一開始就認為推銷工作真讓人討厭，那麼，等到第二天起床；他會更加厭惡自己的工作。這就是以悲觀的態度去從事推銷工作。

作為一個推銷員，在他剛剛開始推銷時，會遇到一連串困難，如果此時自己的惰性佔了上風，也正是敗給看不見的「敵人」的開始。因此，我們最可怕的敵人便是自己的惰性。無論成功，還是失敗，都取決於自己如何有效地抑制逃避困難與貪圖眼前安逸的心理。

戰勝自己，不斷攀登，這就是托尼·高登成為行業尖兵，成為世界級推銷大師的根本原因。

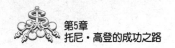

職場生活

01	公司就是我的家	王寶瑩	定價：240元
02	改變一生的156個小習慣	憨氏	定價：230元
03	職場新人教戰手冊	魏一龍	定價：240元
04	面試聖經	Rock Forward	定價：350元
05	世界頂級CEO的商道智慧	葉光森 劉紅強	定價：280元
06	在公司這些事，沒有人會教你	魏成晉	定價：230元
07	上學時不知，畢業後要懂	賈 宇	定價：260元
08	在公司這樣做討人喜歡	大川修一	定價：250元
09	一流人絕不做二流事	陳宏威	定價：260元
10	聰明女孩的職場聖經	李娜	定價： 220元
11	像貓一樣生活，像狗一樣工作	任悅	定價：320元
12	小業務創大財富－直銷致富	鄭鴻	定價：240元
13	跑業務的第一本Sales Key	趙建國	定價：240元
14	直銷寓言--激勵自己再次奮發的寓言故事	鄭鴻	定價：240元
15	日本經營之神松下幸之助的經營智慧	大川修一	定價：220元
16	世界推銷大師實戰實錄	大川修一	定價：240元
17	上班那檔事--職場中的讀心術	劉鵬飛	定價：280元
18	一切成功始於銷售	鄭鴻	定價：240元

身心靈成長

01	心靈導師帶來的36堂靈性覺醒課	姜波	定價：300元
02	內向革命-心靈導師A.H.阿瑪斯的心靈語錄	姜波	定價：280元
03	生死講座——與智者一起聊生死	姜波	定價：280元
04	圓滿人生不等待	姜波	定價：240元
05	看得開放得下——本煥長老最後的啓示	淨因	定價：300元
06	安頓身心--喚醒內心最美好的感覺	麥克羅	定價：280元

國家圖書館出版品預行編目資料

世界推銷大師實戰實錄/ 大川修一 編著
一 版.-- 臺北市 :廣達文化, 2013.05
; 公分. -- （文經閣）(職場生活：16）
ISBN 978-957-713-521-6（平裝）
1.銷售
496.5　　102004493

世界推銷大師實戰實錄

榮譽出版：文經閣

叢書別：職場生活 16

作者：大川修一 編著
出版者：廣達文化事業有限公司
Quanta Association Cultural Enterprises Co. Ltd
發行所：臺北市信義區中坡南路路 287 號 4 樓
電話：27283588　傳真：27264126　E-mail：*siraviko@seed.net.tw*
劃撥帳戶：廣達文化事業有限公司　帳號：19805170

印　刷：卡樂印刷排版公司　裝　訂：秉成裝訂有限公司

代理行銷：創智文化有限公司
23674 新北市土城區忠承路 89 號 6 樓　電話：02-2268-3489　傳真：02-2269-6560

CVS 代理：美璟文化有限公司
電話：02-27239968　傳真：27239668

一版一刷：2013 年 5 月

定　價：260 元

書山有路勤為徑

學海無崖苦作舟

文經閣

書山有路勤為徑

學海無崖苦作舟

文經閣